奶牛养殖节本增效
典型案例

国家奶牛产业技术体系
全国畜牧总站 组编

中国农业出版社
北 京

编委会

编写人员

主　编　李胜利　卫　琳　闫奎友　张书义

副主编　李竞前　孙永健　姚　琨　刘　温　彭　华

编　者（按姓氏笔画排序）

卫　琳　王　洋　王　磊　王少华　王永信
王富伟　韦子海　叶　丰　叶　锋　田莉莉
刘　林　刘　温　刘红云　刘建新　闫奎友
孙永健　李　杰　李　威　李建国　李建喜
李胜利　李竞前　吴冠中　辛　宇　宋慧亭
张　学　张　康　张书义　张吉明　张建聪
张彩霞　范伟兴　赵　华　赵遵阳　郝智强
茹彩霞　侯自鹏　侯诗宇　姚　琨　都　文
贾春涛　夏建民　党东河　高明春　高艳霞
郭永丽　黄萌萌　彭　华　韩吉雨

FOREWORD 前　言

近年来，随着国内外养殖环境的不断变化，苜蓿、燕麦等饲草和豆粕、玉米等饲料价格不断上涨，加上土地、人工、环保等因素影响，奶牛养殖成本大幅增加，牧场经营生存压力较大。积极探索节本增效的有效途径，促进奶牛养殖业高质量发展，是当前乃至今后一个时期摆在奶业人面前的重要任务。

在农业农村部畜牧兽医局的指导下，全国畜牧总站会同国家奶牛产业技术体系广泛征集各地提质增效典型案例，从奶牛良种选育、饲喂营养与成本控制、疫病预防控制、饲养管理与社会化服务、农牧结合与绿色养殖、养殖加工融合发展等六个方面，总结归纳了一批奶牛养殖节本降耗、提质增效的新模式、新技术、新经验，供全国牧场学习借鉴，旨在推动牧场降成本、强弱项、提质量、增效益，提高奶农增值获益能力和产业抗市场风险能力。

在借鉴这些典型案例时，要认真研究掌握各案例成功的关键点，根据自身牧场实际情况，具体问题具体分析，活学活用。同时，鼓励牧场在案例的基础上举一反三，创造性地开展生产经营活动。

编　者

2021年6月

CONTENTS 目 录

一、PART ONE

奶牛良种选育

案例一　北京首农荷斯坦牛精准改良

1. 技术背景

影响畜牧业生产的主要因素包括种、料、管、病等。其中，种是重要的一环。有的奶牛场尤其是中小牧场对品种选育和改良工作重视不够，造成奶牛群体生产水平不高。运用选种选配等技术手段推进牛群遗传改良，是提高奶牛生产效率的重要举措。

国家奶牛产业技术体系三元综合试验站——北京首农畜牧发展有限公司下设29个核心牧场和7家相关企业，饲养荷斯坦牛成母牛6.5万头。该公司利用配套育种技术优势，建立了一整套适用于荷斯坦牛的群体遗传改良管理体系，实现了荷斯坦牛的精准改良。

2. 技术内容

(1) 构建“六个全覆盖”改良体系

构建包括系谱记录、性能测定、体型鉴定、近交控制、选配方案、配种操作等技术内容的奶牛群体遗传改良管理体系，并坚持有效运行，实现上述六项技术内容100%全覆盖。

①完善档案与记录：系谱档案是选种选配的重要依据。奶牛场系谱档案至少要保证父母代牛号登记完整规范，便于系谱追踪。各种繁殖档案要及时记录，并妥善保存，如出生日期、配种时间、产犊时间等。

②规范奶牛生产性能测定（DHI）：规范实施奶牛生产性能测定技术，坚持每月1次采集奶样、测定记录个体牛只日产奶量，送DHI中心检测获得每头牛乳成分、体细胞数等数据。运用产奶量、乳成分、乳房健康等性状数据，持续开展遗传评估分析。

③评估和确定改良目标：每年牧场自行（或委托第三方育种公司）开展2次体型评定，保证每头牛获得完整的21项体型鉴定结果。分析

牛群体型情况，尤其重点分析泌乳系统和肢蹄两大部位，分析公牛半同胞女儿的表现，找出优缺点及比例分布，对后代实施针对性遗传改良。

④制订选种选配方案：根据生产性能测定和体型评定结果，结合牧场发展规划，确定目标性状，根据需求选择种公牛。要求公牛的综合性能指数高于养殖场当前水平，并根据牛群发展情况不断优化。同时，控制后代近交系数在 6.25%以下。

(2) 低产奶牛肉用杂交

通过遗传评估，在保证群体总体稳定的前提下，筛选不具备改良价值的奶牛个体，选用适宜的肉牛冻精杂交，增加顺产评估，快速降低劣质基因遗传频率。通过实施低产奶牛肉用改良，发挥淘汰牛最大经济价值。

(3) 奶牛快速繁殖

通过性控冻精、胚胎工程等繁殖技术，提高优秀个体获得雌性后代的效率，最大限度地利用优质种畜遗传潜力。同时，通过利用本地最佳适应性的种子母牛，培育后备种公牛，实现更大范围的良种推广。

(4) 荷斯坦牛精准改良效果评估

荷斯坦牛精准改良效果主要从系谱记录准确率、近交风险可控度、个体生产记录、体型鉴定覆盖率、选配方案精准度、选配方案执行度等方面进行评估（表 1-1）。

表 1-1　牧场牛群精准改良关键绩效指标（KPI）

评估项目	KPI	评估要求
系谱记录准确率	100%	记录完整、准确追溯
近交风险可控度	100%	公牛无近交风险，或严格执行禁配要求等选配方案
个体生产记录	100%	连续开展、准确测定
体型鉴定覆盖率	100%	牛群全部定期进行体型缺陷或全项鉴定
选配方案精准度	100%	方案符合育种目标及改良方向
选配方案执行度	100%	方案合理、严格执行

3. 应用效果

(1) 群体遗传改良效果明显

通过应用该技术，奶牛 305d 产奶量由 2008 年的 8 211.9kg/头提高至

2019 年的 9 595.11kg/头，提高 16.8%；乳蛋白率由 3.12% 提升至 3.35%，同比增长 7.37%；体细胞数下降至 20 万个/mL 以内，达到国际先进水平。

2018 年，奶牛体型平均分接近 82 分，达到“优＋”级别，乳房结构、肢蹄结构等得到显著改善。其中，以邢台牧场、延庆良种场、金银岛牧场等为代表的核心场，每头泌乳牛日产奶量接近或达到 40kg（3 次挤奶），达到国内领先水平。

（2）经济效益

奶牛群体遗传改良是一项持续性系统工程，是保证牛场效益水平不断提升的基础。通过长期系统选育，牛群遗传水平不断提升。按遗传因素提升幅度测算，在饲养成本不变的前提下，2016 年出生的奶牛较 2007 年出生的奶牛平均产奶量提升了 52.47kg/（头·年），以单价 3.8 元/kg 计，个体年均增收 199.4 元/头，以成母牛养殖规模 6.5 万头计算，年均增收可达 1 296 万元，10 年增收 1.296 亿元。

（3）关键点控制

牧场在开展牛群改良时应着重关注以下几点：群体遗传基础是否相同，是否具备高遗传力、高经济学意义的单个性状；同时，要考虑牛场自身改良方向、牛场所在区域自主育种体系建设以及国外总性能指数与牛场自身适应性差异等，是否适用于牧场。

案例二　鞍山市恒利奶牛场乳肉兼用牛杂交选育

1. 技术背景

我国是世界上最大的牛肉进口国，牛肉和活牛价格逐年攀升。向奶牛要肉，是探索牛肉有效供给的重要途径之一。利用乳肉兼用牛改良荷斯坦牛中低产牛群，后代兼产奶和肉，实现两条腿走路。一方面，通过奶公犊育肥、淘汰母牛育肥和高龄奶牛繁殖肉用牛来满足大众消费对牛肉消费的需求；另一方面，乳肉兼用牛主要乳成分指标高于荷斯坦牛，奶业低迷时可为奶业发展提供一条抵御风险的新途径。

国家奶牛产业技术体系鞍山综合试验站——鞍山市恒利奶牛场奶牛存栏1 000头左右。为提高抵抗市场风险能力和提高原料奶指标，该场与中国农业大学合作，通过选用蒙贝利亚牛、西门塔尔牛冻精与荷斯坦牛进行品种间杂交，开展乳肉兼用牛选育。

2. 技术内容

(1) 父本与母本选择

母本选择群内二胎、三胎生产性能和体况评分较高、体型较大的母牛，父本使用进口的蒙贝利亚牛或西门塔尔牛常规冻精进行选配。

(2) 级进杂交繁育技术

①杂交一代： 选择群内二胎、三胎生产性能和体况评分较高、体型较大的母牛，父本使用进口蒙贝利亚牛或西门塔尔牛常规冻精进行选配，获得杂交一代（图 1-1）。杂交一代（F1）为西门塔尔牛×荷斯坦牛或蒙贝利亚牛×荷斯坦牛，含有 1/2 蒙贝利亚牛或西门塔尔牛血统。

②杂交二代： 群体继续使用蒙贝利亚牛或西门塔尔牛常规冻精改良品种，获得杂交二代（图 1-2）。杂交二代（F2）为“西西荷”或“蒙蒙荷”

图 1-1　杂交一代

（图 1-4），含有 3/4 蒙贝利亚牛或西门塔尔牛血统。

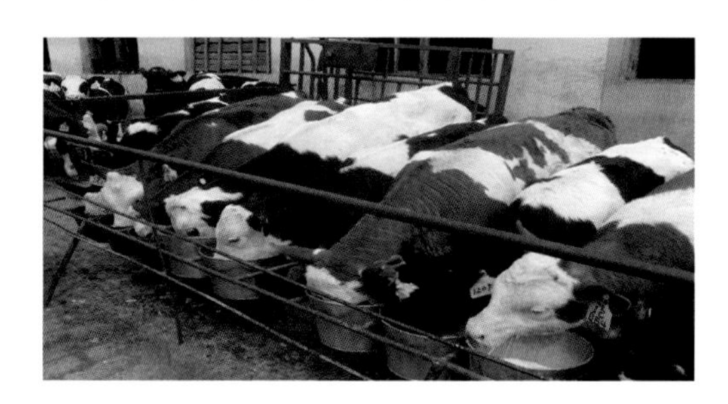

图 1-2　杂交二代

③杂交三代：挑选母亲生产性能稳定的杂交二代核心群体，选配性控冻精繁育杂交三代（图 1-3）。杂交三代（F3）为“蒙西西荷”和“蒙蒙蒙荷”（图 1-4），含有 7/8 蒙贝利亚牛或西门塔尔牛血统。

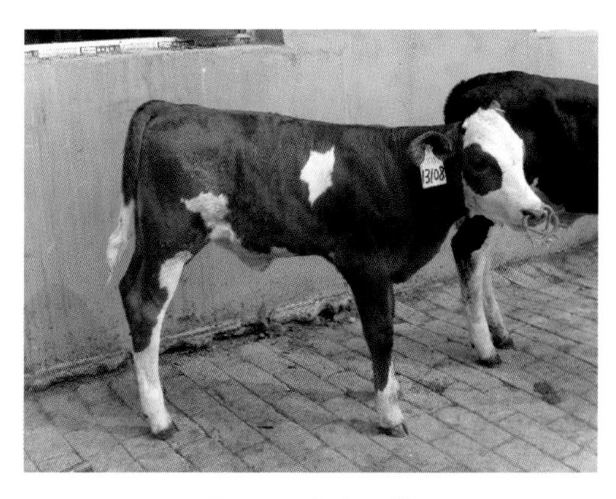

图 1-3　杂交三代

④核心群建立： 选择蒙贝利亚牛冻精与群体中杂交三代和优秀个体进行繁育，建立核心群体。

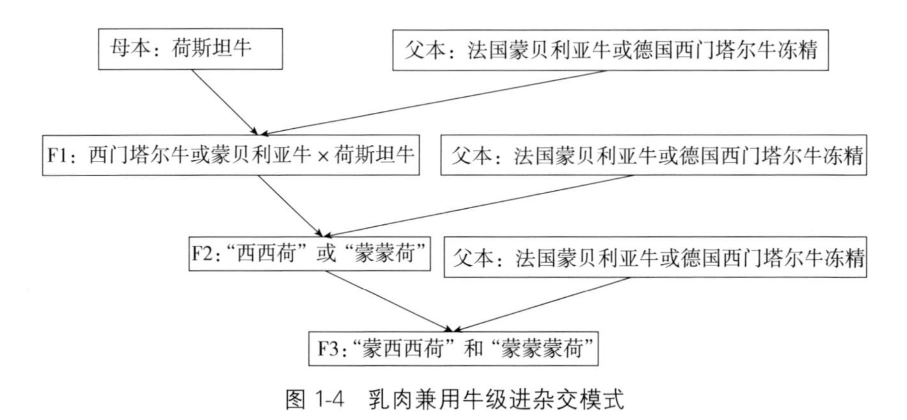

图 1-4　乳肉兼用牛级进杂交模式

(3) 胚胎移植繁育技术

以荷斯坦牛母牛为受体，移植蒙贝利亚牛或西门塔尔牛胚胎；选择优秀蒙贝利亚牛或西门塔尔牛后代个体进行超数排卵、冷冻胚胎、胚胎移植等高效繁殖技术生产胚胎，加快群体繁育速度。

3. 应用效果

(1) 生产性能

自 2009 年起，牧场持续参加全国 DHI 测定。结果显示，"蒙荷"杂交奶牛具有良好产奶性能，乳成分指标高于荷斯坦牛，平均乳脂率 4.05%，乳蛋白率 3.28%，高出 0.07～0.1 个百分点，而产奶量与荷斯坦牛无显著差异。同时，乳肉兼用牛具有较强的适应性和抗病力，且耐粗饲。

(2) 经济效益

经过选育提高，与荷斯坦牛相比，乳肉兼用杂交牛的综合效益明显提升，泌乳牛日产奶量平均 30～31kg/头，每千克生鲜乳价格高出荷斯坦牛 0.09～0.11 元，2018 年生鲜乳销售增收 39.45 万元；出售杂交小公犊，比荷斯坦牛增收 12.96 万元；淘汰母牛销售，比荷斯坦牛增收 37.2 万元，2018 年三项合计增收 89.61 万元。

鞍山市恒利奶牛场的成功案例为中小规模牧场提供了一种既能抵御风险又能节本增效的实用模式。

4. 关键点控制

繁育方面，因蒙贝利亚牛和西门塔尔牛体型较大，如杂交一代的母本选用体型较大的种公牛冻精选配时，要选择体型较大的成年母牛（如2～3胎的母牛），以免难产造成损失。

饲养方面，乳肉兼用牛耐粗饲，体型较大。夏季时牛舍和奶厅内防暑降温设备要配套齐全。饲料原料和配方应稳定，避免突然变化造成减产。

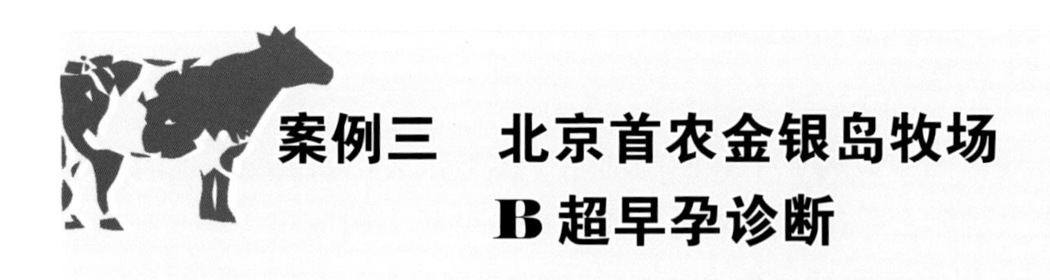

案例三　北京首农金银岛牧场 B超早孕诊断

1. 技术背景

繁殖工作是牧场实现奶牛生产良性循环的基础保障。奶牛养殖规模化进程的不断加快，迫切需要推广应用先进的奶牛繁殖新技术。近年来，B超技术比传统血检方法更具实时性、直观性、准确性等特点，还能预测牛群综合健康状况，因此被越来越多地应用于繁殖环节。B超技术能在配种后28d准确判断怀孕状态（怀孕、空怀、胚胎早亡）和诊断繁殖疾病（子宫内膜炎与内膜增生、卵泡囊肿、黄体囊肿、肌瘤、积液等），及时发现空怀牛进行参配或诊治，降低空怀饲养费用，提高受胎率和牛群素质，实现节本增效。

国家奶牛产业技术体系三元综合试验站——北京首农畜牧发展有限公司金银岛牧场位于北京市大兴区，奶牛存栏2 800头，其中，泌乳牛1 300多头。牧场坚持把B超早孕诊断技术应用于奶牛繁殖，取得较好效果。

2. 技术内容

（1）B超仪选用

选用充电便携式兽用B超仪（图1-5），确保超声图像清晰。具体操作：①将牛直肠内的宿粪尽量掏出；②将子宫角和卵巢在盆腔的位置触摸清楚；③将B超探头伸入直肠进行扫描，得出图像，判定结果。

（2）B超应用要点

成母牛配种大于28d，每周固定时间进行B超早孕诊断1次；检查出空怀牛，诊断卵巢上黄体与卵泡的变化以及子宫角的情况，及时使用促性腺激素释放激素（GnRH）或前列腺素（PG）等激素药物干预或进行必要治疗；注意跟踪观察，实时参配输精。

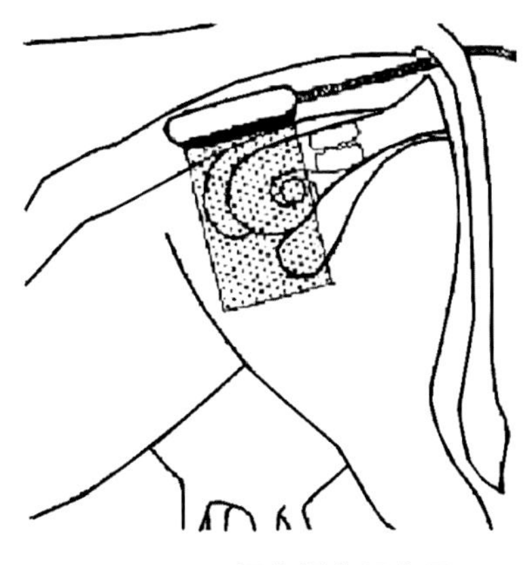

图 1-5　B超仪操作示意图

3. 应用效果

（1）繁殖数据对比

应用B超早孕诊断技术以来，牛场繁殖率总体平稳上升，2015年总繁殖率73%，2017年总繁殖率74.2%，2018年总繁殖率达78.5%。

（2）经济效益

①提高产犊数量：将B超技术应用于繁殖流程诊断和关键环节管理，与之前相比，累计多产犊牛500多头，每头奶牛按照6 000元计算，仅产犊一项就累计增加收入300多万元。

②降低孕检成本：应用B超早孕诊断技术所增加的怀孕牛头数，加上后续及时跟进繁殖疾病治疗减少的损失，综合收益回报远高于投入B超仪的成本。一个1 000头成母牛的规模牧场，年繁殖率80%，平均配妊次数2.0，1年的孕检次数至少为1 000×80%×2=1 600头次。

如采用血检方法，每头牛血检成本30元，每年血检成本4.8万元；如采用B超早孕诊断方法，一台B超仪约10万元，使用寿命6～8年，平均每年的B超成本大约1.4万元。1个1 000头成母牛牛场，使用B超技术要比使用血检方法，每年至少节约孕检费3.4万元。

4. 关键点控制

B超技术作为繁殖新技术手段应用于牧场，需要专业的理论培训与临床操作认知，同时也需要超声影像的图像质量保障。

B超早孕诊断技术应用的关键点防控在于繁殖工作流程制度化管理。需要依靠管理考核制度防止该项技术的应用流于形式或者诊断结果被误判，并依据流程化操作和实时监督控制B超技术的规范使用。

二、PART TWO

饲喂营养与成本控制

过度依赖进口苜蓿等牧草，导致国内奶牛养殖成本居高不下。探索新的技术途径，更好地开发利用本土粗饲料，有效替代进口牧草，降低养殖成本，成为我国奶业亟待解决的重要任务之一。

（一）本土化粗饲料开发利用

全国各地玉米秸秆、花生秧、稻草等大宗类饲料及秸秆类副产物、糟渣类副产物等，均具有较好的饲用价值。西安草滩牧业、黑龙江克东瑞信达原生态牧业、保定三益牛场、现代牧业等公司，在充分利用本土粗饲料资源、就地就近解决奶牛饲草料方面做出了有益尝试。

案例四　国产苜蓿干草替代进口苜蓿干草

1. 技术背景

中美贸易摩擦导致进口苜蓿干草价格飙升，特级苜蓿干草的价格每吨上涨近千元。在中美关系依旧严峻的阶段，未来苜蓿草价格仍将维持高位。国外优质苜蓿进口受限，以及近几年国产苜蓿品质的提升，用国产苜蓿干草替代进口苜蓿干草，成为一种降本增效的有效技术措施。

2. 技术内容

采用国产苜蓿干草（图 2-1）替代进口苜蓿干草，如果质量等级相同，可以直接替代，每头牛使用量为 2～3 kg/d，国产苜蓿干草价格一般比进口苜蓿干草低 300～600 元/t，可有效降低成本。

图 2-1　优质国产苜蓿干草

（1）非泌乳牛的替代

根据《苜蓿干草质量分级》（T/CAAA001—2018）（表 2-1），二级和三级国产苜蓿干草适合给育成牛、青年牛和干奶牛使用，每头奶牛使用量为 1～3 kg/d，可直接替代全部进口苜蓿干草，这在生产中已经是普遍使用的降本措施。国产三级苜蓿干草替代进口三级苜蓿干草的日粮配方实例见表 2-2。

表 2-1　苜蓿干草质量分级

（引自《苜蓿干草质量分级》T/CAAA001—2018）

营养指标（干物质基础）	等级				
	特级	优级	一级	二级	三级
粗蛋白质（CP,%）	CP≥22	20≤CP＜22	18≤CP＜20	16≤CP＜18	CP＜16
中性洗涤纤维（NDF,%）	NDF＜34	34≤NDF＜36	36≤NDF＜40	40≤NDF＜44	NDF＞44
酸性洗涤纤维（ADF,%）	ADF＜27	27≤ADF＜29	29≤ADF＜32	32≤ADF＜35	ADF＞35
相对饲用价值（RFV）	RFV＞185	170≤RFV＜185	150≤RFV＜170	130≤RFV＜150	RFV＜130
粗灰分（CA,%）	CA≤12.5				

表 2-2　国产苜蓿干草替代进口苜蓿干草的干奶牛日粮配方实例

项目	国产苜蓿配方	进口苜蓿配方
原料（kg/头）		
全株玉米青贮	12	12
国产苜蓿干草	1.5	0

（续）

项目	国产苜蓿配方	进口苜蓿配方
原料（kg/头）		
进口苜蓿干草	0	1.5
燕麦干草	0.6	0.6
小麦秸	3.5	3.6
豆粕	0.4	0.34
棉粕	1	1
小麦麸皮	1	1
干奶牛预混料	0.15	0.15
营养成分		
干物质（kg）	11.50	11.51
能量（Mcal*/kg，DM）	1.41	1.40
粗蛋白质（%/kg，DM）	12.53	12.54
NDF（%/kg，DM）	54.82	54.62
ADF（%/kg，DM）	31.55	31.43
粗脂肪（%/kg，DM）	2.09	2.09
淀粉（%/kg，DM）	12.35	12.31
钙（%/kg，DM）	0.66	0.65
磷（%/kg，DM）	0.33	0.33
日粮成本（元）	17.68	18.02

（2）中低产泌乳牛的替代

针对国产苜蓿干草存在的供应量及批次间质量不稳定的现象，可选择头茬苜蓿质量等级为二级及以上的国产苜蓿干草替代进口特级和一级苜蓿干草，给牛场中低产泌乳牛群使用，通过均衡营养，可保障中低产牛维持25 kg/头的日产奶量不变（表2-3）。

* cal为非法定计量单位，1cal=4.184J。——编者注。

表 2-3 国产苜蓿干草替代进口苜蓿干草的中低产泌乳牛日粮配方实例

项目	国产苜蓿配方	进口苜蓿配方
原料（kg/头）		
全株玉米青贮	24	24
国产苜蓿干草	2	0
进口苜蓿干草	0	2
燕麦干草	1	1
玉米	3.8	3.9
豆粕	1.8	1.6
棉籽粕	2	2
小麦麸	1	1
甜菜颗粒粕	0.5	0.5
5%预混料	0.4	0.4
食盐	0.1	0.1
营养成分		
干物质（kg）	19.54	19.48
能量（Mcal/kg，DM）	1.70	1.69
粗蛋白质（%/kg，DM）	15.69	15.71
NDF（%/kg，DM）	39.79	39.25
ADF（%/kg，DM）	21.22	20.87
粗脂肪（%/kg，DM）	2.51	2.49
淀粉（%/kg，DM）	25.06	25.25
钙（%/kg，DM）	0.76	0.75
磷（%/kg，DM）	0.48	0.48
饲料转化效率	1.20	1.20
日粮成本（元）	38.43	39.26

3. 应用效果

采用非泌乳牛苜蓿干草替代技术，可使每吨苜蓿干草成本下降 300 元左右，每头非泌乳牛节省饲料成本 0.34 元/d。采用中低产泌乳牛苜蓿干草替代技术，能够保障每头 25 kg/d 的产奶量维持不变，每吨苜蓿干草成本下降600元，每头中产奶牛饲料成本降低0.83元/d。

牛群中泌乳牛比例一般为50%，干奶牛和育成牛、青年牛合计比例为35%，一个1 000头牛场每天可节约饲料成本530元，每年节省饲料成本近20万元。

4. 关键点控制

国产苜蓿干草替代技术，需要货源稳定的苜蓿干草，以降低因货源不稳定对产奶量和乳成分造成的波动影响。同时，建议对采购的每批国产苜蓿干草都进行检测，以保证质量稳定。检测指标中灰分含量要求在12.5%以下。建议牛场与苜蓿种植基地（公司）建立稳定合作关系，明确约定将苜蓿刈割生育期限定在现蕾期至初花期，提高苜蓿草的品质，满足牧场苜蓿草稳定供应。

案例五　西安草滩牧业苹果渣开发利用

1. 技术背景

苹果渣（图 2-2）是新鲜苹果经破碎压榨提汁后的副产品，主要由果肉、果皮和少量果梗等组成，富含纤维素、半纤维素、维生素和矿物质等，营养丰富（营养指标见表 2-4），容易吸收，具有果香味，适口性好。在泌乳中后期牛全混日粮（TMR）中，用苹果渣替代部分玉米和苜蓿干草，可优化日粮精粗比，改善饲料适口性，增加奶牛采食量，降低饲养成本，利于奶牛健康。

国家奶牛产业技术体系西安综合试验站——西安草滩牧业有限公司奶牛养殖基地地处陕西华阴，牛场奶牛存栏 6 000 头。牛场利用苹果渣饲喂中低产奶牛，获得较好效果。

表 2-4　苹果渣主要营养指标

项　　目	营养水平（%）
干物质	93.9
无氮浸出物	61.5
总糖	15.1
粗脂肪	31.6
水溶性碳水化合物	8.9

2. 技术内容

在泌乳中后期奶牛全混日粮（TMR）中，用 1 kg/（头・d）苹果渣代替 10%玉米和 5%国产苜蓿干草，在饲料配方中的体现是玉米饲喂量由 5.6 kg/（头・d）降低到 5.0 kg/（头・d），苜蓿干草饲喂量由 4.5 kg/（头・d）降低到 4.3 kg/（头・d）。

图 2-2　苹果渣

3. 应用效果

饲喂调整后的配方，奶牛采食量得以提高，不但生产性能未受影响，而且每头牛每天可节省饲料成本 0.34 元。一个 1 000 头的中低产奶牛场饲喂苹果渣（配方对比见表 2-5），对产奶量和乳品质量没有明显不良影响的情况下，1 年可节省饲料成本约 12.41 万元。

表 2-5　中低产奶牛苹果渣使用前后配方对比

项　　目	单价（元/t）	原配方［kg/（头·d）］	使用苹果渣配方［kg/（头·d）］
苜蓿干草（国产）	2 600	4.5	4.3
燕麦草（国产，陕西地区）	2 000	1	1
玉米青贮（干物质 28%）	450	22	22
玉米	2 200	5.6	5.0
自拌精料	2 500	4.9	4.9
苹果渣（干物质 90%）	1 500	0	1.0
成本合计（元）	—	49.27	48.93
每千克奶成本（产量按 28kg 计算）	—	1.76	1.75

4. 关键点控制

奶牛养殖优势区与苹果主产区相重合且价格低廉的地区，可在奶牛饲料中使用苹果渣。需要指出的是，由于苹果渣的指标成分极不稳定，使用时需按批次进行营养成分测定，及时对饲料配方进行修正。

案例六　黑龙江克东瑞信达原生态牧业湿玉米皮开发利用

1. 技术背景

湿玉米皮（图 2-3）是玉米深加工后的初级副产物，保留了玉米皮最原始的营养（表 2-6），其最大特点是纤维含量高、适口性好，牛喜采食，且价格低廉，是一种理想的粗饲料原料。

图 2-3　湿玉米皮

表 2-6　湿玉米皮营养指标

项目	含量（%）
水分	60
粗蛋白质	12.5
中性洗涤纤维	57
酸性洗涤纤维	15
粗灰分	1

国家奶牛产业技术体系齐齐哈尔综合试验站——黑龙江克东瑞信达原

生态牧业股份有限公司奶牛存栏 1 万头，牧场距附近一家生化公司 30km。该公司是专门做玉米深加工的大型企业，其副产物玉米皮、玉米胚芽粕及玉米干酒糟及其可溶物（DDGS）等产量丰富。牧场就近取材，尝试就地解决粗饲料，成功地将湿玉米皮应用于泌乳牛和育成牛的饲喂。

该公司将湿玉米皮等玉米加工副产物应用作奶牛饲料，不仅实现了对粮油加工业副产品的充分利用，而且降低了奶牛饲养成本，成为践行粗饲料就地供应的典型。

2. 技术内容

湿玉米皮可代替部分干草，如苜蓿、燕麦草或其他干草等，能量水平较低，不会引起奶牛体况偏肥，同时可起到瘤胃填充的作用。泌乳牛可每天每头使用湿玉米皮 1 kg，育成牛可每天每头使用湿玉米皮 3～5 kg（配方参见表 2-7）。

表 2-7　湿玉米皮替代部分精饲料/干玉米皮与进口苜蓿配方

［干物质（DM）基础］

名　　称	单价（元/kg）	原配方［kg/（头·d）］	湿玉米皮配方［kg/（头·d）］
高产牛精料	3.01	14.12	14.02
干玉米皮	1.23	0.5	—
湿玉米皮	0.65	—	1
玉米青贮	0.36	27	27
全棉籽	2.83	2	1.9
糖蜜	1.53	1.6	1.5
进口苜蓿	2.86	3	2.5
啤酒糟	0.52	8	8
奥优金*	26.01	0.07	0.05
甜菜粕	1.96	0.5	1
TMR 成本合计（元）	—	76.48	74.44
配方每千克干物质饲料成本(元/kg)	—	2.76	2.67

*奥优金为奥特奇公司生产的一种缓释尿素。

3. 应用效果

配方中每千克干物质饲料成本降低 0.09 元，以 1 个 5 000 头泌乳牛牧场来说，1 头泌乳牛平均干物质采食量按 25 kg 计算，每年可节约饲料成本 410.6 万元。饲料中使用湿玉米皮可以在增加干物质采食量和产奶量的同时，降低成本，提高经济效益。

4. 关键点控制

一是使用该技术应充分考虑湿玉米皮的运输距离，详细测算控制成本。二是要对湿玉米皮品质进行把控，对湿玉米皮感官评定及各项风险监测指标等进行严格检测。比如对每一批次湿玉米皮进行黄曲霉毒素等检测。湿玉米皮入场标准：黄曲霉毒素 $B_1 \leqslant 10\ \mu g/kg$，霉菌数量 $< 40\ 000$ CFU/g，T2 毒素 $\leqslant 80\ \mu g/kg$，呕吐毒素 $\leqslant 1\ 000\ \mu g/kg$。

案例七　保定三益牛场小麦秸开发利用

1. 技术背景

小麦秸具有适口性好、能量和钾含量低等特点（表 2-8），小麦收获季节气候干燥，草捆不易发霉、易保存，价格低廉（成本 400～600 元/t）。育成牛和干奶牛日粮配方中，如果缺乏能量含量低的粗饲料，易导致牛只体况偏肥、产后酮病发病率升高等问题。另外，干奶牛日粮如果含钾量过高，会影响奶牛钙代谢，容易诱发临床低钙血症，导致产后瘫痪等。小麦秸能有效缓解以上症状，还可降低饲养成本。

保定三益牛场，全群存栏 480 头，其中成母牛存栏 245 头，泌乳牛 200 头，泌乳牛平均产量 37 kg/（头·d）。牛场将小麦秸用于围产牛、干奶牛、育成牛的饲喂。

表 2-8　小麦秸营养成分（干物质基础）

原料	泌乳净能（MJ/kg）	粗蛋白质（%）	钙（%）	磷（%）	钾（%）
小麦秸	0.99	4.3	0.25	0.03	1.55
燕麦草	1.7	9	0.37	0.22	2

2. 技术内容

小麦秸用于围产牛、干奶牛、后备牛的日粮配方及成本见表 2-9。每头牛每天围产前期用 5 kg 小麦秸替代 5 kg 燕麦草，干奶前期用 8 kg 小麦秸替代 8 kg 燕麦草，后备牛用 4 kg 小麦秸替代 4 kg 羊草。

表 2-9　调整前后的日粮配方及成本

原料	原料单价（元/kg）	原配方［kg/(头·d)］	原成本（元）	现配方［kg/(头·d)］	现成本（元）
围产料配方					
进口燕麦草	3	5	15	0	0
围产料	3.85	4	15.4	4	15.4
小麦秸	0.45	0	0	5	2.25
棉粕（粗蛋白质 46%）	3	0	0	0.55	1.65
水	0	5	0	5	0
全株玉米青贮	0.45	13	5.85	11.5	5.175
合计	—	27	36.25	27	24.475
干奶料配方					
国产燕麦	1.9	8	15.2	0	0
干奶料	3.08	3.5	10.78	3.5	10.78
小麦秸	0.45	0	0	8	3.6
棉粕（粗蛋白质 46%）	3	0	0	0.8	2.4
水	0	8	0	8	0
全株玉米青贮	0.45	11	4.95	8.8	3.96
合计	—	30.5	30.93	30.5	20.74
后备牛配方					
羊草	1.10	4.00	4.4	0	0
后备牛料	3.20	3.00	9.6	3.00	9.6
小麦秸	0.45	0	0	4.00	1.8
水	0	5.00	0	5.00	0
全株玉米青贮	0.45	12.00	5.4	12.00	5.4
合计	—	24.00	19.4	27.00	16.8

3. 应用效果

利用小麦秸饲喂后备牛和干奶牛替代燕麦草（围产牛、干奶牛）和羊草（后备牛），不但降低了成本，还大大减少了奶牛产后代谢疾病发病率。

围产牛原来每天饲喂 5 kg/（头・d）进口燕麦草（3 000 元/t），替换成小麦秸（450 元/t）后，经日粮调整，每头牛每天饲料成本降低 11.78 元；干奶牛原来每天饲喂国产燕麦草（1 900 元/t）8 kg/（头・d），换成小麦秸后，经日粮调整，每头牛每天饲料成本降低 10.19 元；后备牛原来每天饲喂羊草（1 100元/t）4 kg/（头・d），换成小麦秸后，经日粮调整，每头牛每天降低饲料成本降低 2.6 元。

4. 关键点控制

由于小麦秸粗蛋白质含量低于燕麦草，在配置日粮时需适当提升高蛋白原料的用量，以满足牛只营养需要。

案例八　现代牧业双城牧场高青贮日粮均衡营养

1. 技术背景

在乳业竞争激烈的大环境中，有效降低饲料成本是决定奶牛养殖企业盈利的重要因素之一。优质玉米青贮是“饲料之王”，是优质纤维和能量的重要来源。研究发现（表 2-10），优质玉米青贮单位干物质、中性洗涤纤维（NDF）、产奶净能的价格仅相当于优质苜蓿干草的 40%～50%。在 TMR 日粮中，玉米青贮用量占干物质的 30%左右，成本仅占 20%，是性价比最高的粗饲料原料。

表 2-10　优质玉米青贮和苜蓿干草性价比对比

项　　目	优质玉米青贮	优质苜蓿干草
NDF（%）	44	40
产奶净能（MJ/kg）	7	6
价格（元/t）	500	3 000
干物质价格（元/t）	1 515	3 333
单位 NDF 价格（元/t）	34	83
单位净能价格（元/t）	216	556

近年来，我国玉米青贮的品质大幅提升，达到双“30”标准* 的牛场非常普遍，为高（高比例、高品质）青贮日粮均衡营养技术的推广应用奠定了坚实基础。高青贮日粮技术要点是在原使用量的基础上玉米青贮用量再提高 5kg 左右，降低苜蓿干草用量，均衡配方，做到营养成分不变，从

* 双“30”标准：指玉米青贮的干物质含量达到 30%以上，淀粉含量达到 30%以上。

而降低成本。

现代牧业双城牧场奶牛存栏1万头。在国家奶牛“金钥匙”技术示范现场会专家指导下，充分利用本地玉米青贮资源优势，推广全株玉米青贮替代部分苜蓿干草，降低了每千克奶成本，实现了节本增效。

2. 技术内容

(1) 高品质玉米青贮制作

①优良青贮品种选择：种植优良玉米品种是制作优质青贮的前提，各项指标力争实现“3366018”质量评价体系，即干物质30%～35%、淀粉≥30%、NDF消化率（30 h）≥60%、乳酸≥6%、含量为0的丁酸、氨态氮≤10%、淀粉消化率（7 h）≥80%。

②收获源头监管：严格控制青贮切割长度和籽粒破碎度，通常切割长度以1.5～2cm为宜，胚乳部分破碎4瓣以上为佳。在青贮收割、切碎过程中，需增加对切割长度和籽粒破碎的检查监督频次，必要时使用宾州筛进行现场检测，二层筛比例要达到60%以上。

③装窖和压实管控：压窖是为了迅速将青贮中的氧气含量降低至1.2 L/m^3以下，压窖密度达到800kg/m^3为宜，为青贮发酵提供绝佳厌氧环境。双城牧场采用自重16t并加装铲头的胶轮拖拉机实施压窖作业。

④抑菌与发酵管理：导致氨态氮升高的主要原因是青贮从地头到窖头用时太长。如需长途运输，一定在地头就开始按量喷洒保鲜剂，以抑制霉菌、酵母菌、腐败菌等有害菌在运输过程过度繁殖产热，同时配合使用发酵剂，为青贮发酵提供酸性环境，缩短有氧发酵时间。

(2) 高比例玉米青贮饲喂

现代牧业双城牧场高产奶牛日粮配方中，进口苜蓿干草的用量从2.5kg/头降到1kg/头，全株玉米青贮用量从20kg/头增加到25kg/头，借助均衡营养技术使奶牛营养摄入浓度保持不变。营养配方和成本对比见表2-11。

表 2-11　高青贮配方与常规配方及营养成分比较

项目	高青贮配方	常规配方
粗料名称［kg/（头·d）］		
全株玉米青贮	25	20
进口苜蓿	1	2.5
玉米纤维	0.5	0.5
豆粕	3.7	3.5
玉米	3	2.8
压片玉米	3.5	3.5
湿啤酒糟	5	6
膨化大豆	0.6	0
全棉籽	1.7	2
甘蔗糖蜜	1.5	1.5
苹果粕	—	1.5
脂肪粉	0.1	0.1
预混料	0.6	0.6
营养成分		
干物质（kg）	23.3	22.7
能量（MJ/kg，DM）	7.43	7.24
粗蛋白质（%）	17.2	17.4
NDF（%）	28.0	28.6
ADF（%）	17.1	17.1
粗脂肪（%）	4.97	4.38
淀粉（%）	28	27.6
钙（%）	0.83	0.90
磷（%）	0.47	0.47
配方成本（元）	57.0	59.7

3. 应用效果

降低进口苜蓿干草的用量，通过均衡营养技术保证泌乳牛高峰期奶量维持在 39.5kg/d，泌乳牛平均产奶量维持在 30kg/d 的相同水平，每头高产牛饲料成本节约 2.7 元/d，每千克奶成本降低 0.05 元，该场存栏高产奶牛 3 000 头，全年实现节本增效 300 万元。

4. 关键点控制

高质量玉米青贮，是成功应用该项技术的重要保证。要对青贮质量指标和安全卫生指标定期进行监测，排除霉菌毒素污染等风险。

（二）粗饲料品质提升技术

案例九　内蒙古伊利集团秸秆揉丝加工

1. 技术背景

我国秸秆资源丰富，地域分布广，以玉米秸秆、小麦秸、花生秧等主要粗饲料在奶牛饲料上应用较多，但大部分秸秆饲料在奶牛饲喂过程中存在品质低、适口性差、消化利用率低等问题。

为提升秸秆饲料品质、提高消化利用率，国家奶牛产业技术体系伊利综合试验站——内蒙古伊利实业集团股份有限公司联合草业公司及其合作牧场，针对粗饲料加工工艺、饲喂环节所存在的问题开展集成应用研究，升级优化秸秆饲料加工工艺，提升粗饲料品质。揉丝加工技术所生产的新型秸秆饲料（图 2-4），可直接饲喂奶牛，减少牧场二次加工的成本，提高

图 2-4　揉丝玉米秸秆

饲喂效率，提升秸秆饲料质量和消化利用率。

2. 技术内容

以下以玉米秸秆为例，介绍秸秆揉丝加工技术。小麦秸秆和花生秧的加工操作基本与此相同。

（1）揉丝秸秆加工技术

①晾晒干燥：玉米秸秆收获作业具有一定的季节性和地域性。一季作物区如内蒙古、黑龙江、辽宁、吉林等地，秋收后玉米秸秆在大田中经过晾晒干燥；两季作物区如河南、山东等地，玉米秸秆收获后可集中存放进行晾晒干燥，收获后晾晒1个月以上，干物质基本达到90%以上时，即可进行秸秆加工处理（图2-5）。

图2-5　玉米秸秆田间晾晒

②加工设备选择：建议选择揉碎设备进行加工作业（图2-6）。揉碎设备可有效破坏玉米秸秆的物理结构，降低玉米秸秆的硬度，提高消化利用率和适口性。

③粉碎长度控制：为了避免奶牛采食出现挑食现象，应控制均匀度。揉碎的玉米秸秆长度应控制在3～4 cm（图2-7）。

④鼓风除尘作业：在大田中作业时，一般的捡拾设备在捡拾玉米秸秆过程中会带入大量的尘土，导致玉米秸秆产品灰分含量高，贮存过程中极易发生霉变。建议选择具有鼓风除尘功能的捡拾设备进行玉米秸秆加工（图2-8）。

图 2-6　玉米秸秆揉丝粉碎设备

图 2-7　玉米秸秆揉丝长度（3～4 cm）

图 2-8　秸秆除尘

⑤加压打包打捆：经切碎、揉丝、除尘后的玉米秸秆通过打包机进行加压打包打捆，制成玉米秸秆成品（图 2-9）。

图 2-9　玉米秸秆加压打捆

（2）秸秆质量标准

伊利集团制定了以玉米秸、稻草、谷草、花生秧为主的质量标准及饲喂标准，用于指导牧场采购或加工秸秆饲料。

①玉米秸秆使用方法：在低产牛日粮中，使用量小于 2 kg/（头・d）（干物质基础）；如果低产牛原配方中使用羊草，可直接替代羊草。在非泌乳牛日粮中，使用量小于 4 kg/（头・d）（干物质基础）；如果非泌乳牛原配方中使用羊草，可直接替代羊草。

②小麦秸秆使用方法：在低产牛日粮中使用量小于 2 kg/（头・d）（干物质基础）。如果非泌乳牛原配方中使用羊草，可直接替代羊草。

③花生秧使用方法：在低产牛日粮中使用量小于 2 kg/（头・d）（干物质基础）。如果非泌乳牛原配方中使用羊草，可直接替代羊草。

3. 应用效果

（1）示范试点

牧场使用揉丝玉米秸秆代替莜麦秸饲喂干奶牛、育成牛及青年牛，揉丝玉米秸秆从当地供货商处采购，其毒素指标、干物质、灰分均符合标准。推行替代饲喂后，牛只没有出现挑食现象。玉米秸秆替代干草，节省饲料成本 11.7 万元（具体参数和分析见表 2-12）。

表 2-12 揉丝秸秆饲喂效果

牛只类型	玉米秸秆饲喂量[kg/(头·d)]	原饲喂干草类型	原干草单价(元/kg)	现干草单价(元/kg)	牛数量(头)	饲喂时间(d)	总节约成本(元)
干奶牛	5	莜麦秸	1.14	0.7	75	60	9 900
育成牛	3.5	莜麦秸	1.14	0.7	64	540	53 222
青年牛	3.86	莜麦秸	1.14	0.7	106	300	54 009
合计							117 131

(2) 推广应用

根据牧场实际需求，伊利集团在全国秸秆主产区推进加工工艺技术提升，并大范围实施推广应用。在内蒙古地区 45 个牧场推广使用揉丝玉米秸秆，每头牛每天的饲养成本降低 1.704 元；在华北地区 71 个牧场推广使用揉丝玉米秸秆，每头牛每天的饲养成本降低 2.316 元；在东北地区 58 个牧场推广使用揉丝玉米秸秆，每头牛每天饲养成本降低 2.979 元（表 2-13）。

表 2-13 揉丝切碎玉米秸推广效果

推广地区	内蒙古	华北地区	东北地区
推广牧场数（个）	45	71	58
节约成本［元/（头·d）］	1.704	2.316	2.979
1 000 头牛 1 年节约成本（万元）	62.19	84.53	108.73

4. 关键点控制

由于秸秆类粗饲料缺乏矿物质，牧场在应用秸秆饲喂时，要监测日粮中的矿物质元素变化情况，及时补充调整，确保营养平衡。

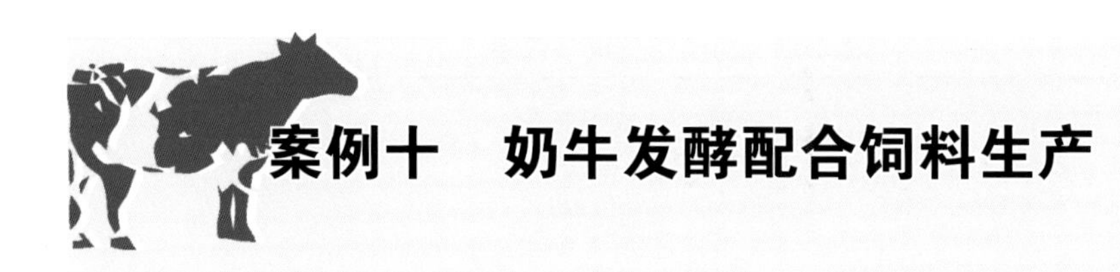

案例十　奶牛发酵配合饲料生产

1. 技术背景

我国优质粗饲料资源匮乏，特别是南方地区，每年需大量进口苜蓿干草、燕麦草等，或从北方运输大量羊草和青贮等饲草料，增加了牧场的生产成本。浙江大学与宁波宁兴涌优公司、中国农业大学等单位合作，充分利用江苏、浙江地区的本地资源，借助 TMR 加工工艺与微生物发酵技术，开展反刍动物饲料研发，生产奶牛发酵配合饲料，在宁波牛奶集团牧场、浙江正兴牧业两个牧场使用，有效提高了当地饲料的利用率。

2. 技术内容

(1) 发酵饲料制作

①后备牛发酵配合饲料制作：基于干物质（DM）测定，将苜蓿干草（5%～10%）、燕麦草（3%～5%）、全株玉米青贮（10%～16%）、花生秧（3%～7%）、鲜稻秸（7%～13%）、干稻秸（3%～7%）、玉米（20%～26%）、豆粕（7%～13%）、甜菜粕（3%～10%）、酒糟（2%～7%）、糖蜜（1%～2%）等各原料混合搭配，添加发酵菌种和预混料等，调控干物质含量至 65%进行裹包发酵（图 2-10），发酵 35d 后用于后备牛饲喂。配方参见表 2-14。

表 2-14　后备牛和泌乳牛的发酵饲料配方（%）

项　目	后备牛料	泌乳牛料
苜蓿干草	5～10	3～10
燕麦草	3～5	3～10
全株玉米青贮	10～16	10～20
高丹草	—	7～15

（续）

项　　目	后备牛料	泌乳牛料
花生秧	3～7	—
鲜稻秸	7～13	5～10
干稻秸	3～7	—
玉米	20～26	20～28
豆粕	7～13	9～15
甜菜粕	3～10	3～10
酒糟	2～7	3～10
糖蜜	1～2	1～2

图 2-10　裹包发酵饲料

②泌乳牛发酵配合饲料制作：基于干物质（DM）测定，将苜蓿干草（3%～10%）、燕麦草（3%～10%）、全株玉米青贮（10%～20%）、高丹草（7%～15%）、鲜稻秸（5%～10%）、玉米（20%～28%）、豆粕（9%～15%）、甜菜粕（3%～10%）、酒糟（3%～10%）、糖蜜（1%～2%）等各原料混合搭配，添加发酵菌种和预混料等，调控干物质含量至65%进行裹包发酵，发酵35d后用于泌乳牛饲喂。配方见表2-14。

（2）技术要点

根据不同精料、粗饲料的特性，进行切割或粉碎等预处理后，利用

TMR 搅拌机混合，添加乳酸菌、芽孢杆菌等微生物制剂，采用高密度压实成型和拉伸膜裹包，经厌氧发酵后制成发酵配合饲料。

基于反刍动物营养需要，该技术一方面实现了区域性饲料资源与不同饲料原料间的组合效应，进行发酵 TMR 日粮生产；另一方面也可以进行发酵半混合日粮（牧场只需添加部分原料即可制备成品 TMR）的生产。

3. 应用效果

(1) 后备牛应用

该产品在宁波牛奶集团牧场使用，日粮配方中使用后备牛发酵配合饲料产品 9kg/（头·d）（约占日粮干物质基础 55%），外加 1kg/（头·d）牧场自配精料、12kg/（头·d）牧场窖贮全株玉米，7 月龄以上后备牛饲料成本由 20.8 元/（头·d）降至 18.9 元/（头·d）（降低 9%）。

经过 18 个月以上的连续饲喂观察，使用发酵配合饲料后，在与原饲料 DMI 水平一致情况下，后备牛日增重、体高等指标得以提高。以 1 000 头后备牛计算，一年可节约饲料成本 70 万元，且牧场可有效缩短加工时间，减少投料品种和饲料生产损耗，保证日粮稳定供给。

(2) 泌乳牛应用

该产品在浙江正兴牧业有限公司使用，日粮配方中使用发酵饲料 8.6kg/（头·d）（约占日粮干物质基础 20%），牧场 TMR 中苜蓿添加量由 4.3kg/（头·d）降至 3kg/（头·d），燕麦草添加量由 2.2kg/（头·d）降至 0kg，精料由 11kg/（头·d）降至 7.8kg/（头·d）。

在维持相同日粮营养水平，以及相近的采食量、产奶量水平和乳指标的情况下，牧场泌乳牛饲料成本由 74.6 元/（头·d）降至 70.85 元/（头·d），节省 3.75 元/（头·d）（降低 5%）。经过 10 个月以上的连续饲喂观察，使用发酵配合饲料后，饲料转化率从 1.13 提高到 1.16。应用对比情况见表 2-15。

以 1 000 头泌乳牛计算，一年可为牧场节约饲料成本 130 万元以上；同时，可有效缩短牧场加工处理时间，减少投料品种和饲料生产损耗，保证日粮稳定供给。

该技术能有效降低我国江苏、浙江等地奶业养殖对进口苜蓿干草和燕麦草的过分依赖，实现南方粗饲料资源尤其是优质粗饲料资源综合利用，有效降低牧场生产成本。

表 2-15　日粮使用发酵饲料前后对比

项　目	后备牛料		泌乳牛料	
	普通饲料	含发酵饲料	普通饲料	含发酵饲料
羊草（kg）	1.3	—	—	—
燕麦（kg）	1.5	—	2.2	—
苜蓿干草（kg）	1.5	—	4.3	3
啤酒糟（kg）	1.5	—	—	—
玉米青贮（kg）	13	12	17	16
精料（kg）	2	1	11	7.8
发酵饲料（kg）	—	9	—	8.6
压片玉米（kg）	—	—	1	1
全棉籽（kg）	—	—	1.8	1.8
糟渣类（甜菜粕＋酒糟）（kg）	—	—	6	6
水（kg）	—	—	7.5	5.75
成本［元/（头·d）］	20.8	18.9	74.6	70.85

4. 关键点控制

本技术的核心关键点主要包括原料的选择与配比的优化，发酵条件和生产加工过程的把控，对发酵终产场进行质量监控三方面。

（1）原料的选择与配比的优化

不同饲料原料的结构及其营养特性，决定了它是否具备作为反刍动物饲料的潜质。因此，在原料选择过程中，首先需根据该原料的特性确定它是否能够用于反刍动物生产，再确定该原料是否影响发酵产品品质，如是否会导致发酵饲料异味、牛羊适口性差等情况的发生。同时，饲料原料间的配比也至关重要，原料中的营养物质含量可影响微生物发酵过程和最终产品的营养价值，不同原料间也存在优化互补或拮抗作用，因此要对每一种原料的品质特性和营养成分组成准确把控，并进行合理调配；反之则会导致产品质量出现问题。

（2）发酵条件和生产加工过程的把控

除了需特别注意饲料原料的特性、发酵底物的配比优化外，还需注意发酵菌剂的筛选与菌种配比。为避免不良发酵或过度发酵，需添加曲霉类菌剂。菌剂添加时需寻找最优剂量，并非越多越好。本技术使用过程中还需特别注意裹包密闭性和裹包压力等生产条件，通过裹包膜选择、裹包层数及裹包压力等进行调控；如在发酵粗饲料较多的产品时，由于草料类原料较为蓬松不易压实，裹包时需相应提高压力，以防止裹包发酵产品出现霉变等导致发酵失败。

（3）对发酵终产物进行质量监控

不同产品的底物原料配比、菌剂添加、天气环境和加工过程等方面存在差异，因此需定期对各个系列发酵产品的品质进行把控，关注产品的pH、温度、发酵酸和铵态氮浓度等发酵指标，掌握产品发酵规律，并确定产品发酵参数，建立产品出场品控标准。同时建议对发酵产品批批检测，根据质量差异对配方进行相应微调。

（三）饲料转化率提升技术

案例十一　现代牧业陕西宝鸡牧场饲料转化率提升

1. 技术背景

有些牛场对奶牛饲料转化效率理解不到位，执行不严格，干奶牛、泌乳后期奶牛未按饲料转化效率要求进行饲喂，营养摄入过量，牛只体况偏肥，既导致了饲养成本偏高，又造成了产后营养代谢病发病率上升。因此，准确管控饲料转化效率和奶牛不同阶段营养需要，至关重要。

现代牧业陕西宝鸡牧场奶牛存栏 1 万头。国家奶牛产业技术体系专家在指导生产过程中发现该场存在饲料转化效率低的问题，经过核算分析，帮助其制订整改方案，将该问题成功解决。

2. 技术内容

（1）饲料转化效率标准

按照饲料转化效率标准和营养浓度要求，准确设定奶牛各生长阶段干物质的采食量。荷斯坦牛牛群饲料转化效率及干物质采食量标准参见表 2-16 和表 2-17。针对个别牛场配方单一问题，建议低产牛群应单独分群和制作 TMR 配方，降低泌乳后期奶牛体况超标风险。

表 2-16　饲料转化效率标准

牛群类别	饲料转化效率建议值
新产牛	1.7

（续）

牛群类别	饲料转化效率建议值
高产牛	1.5
中低产牛	1.2～1.3

表 2-17　干物质采食量标准

牛群类别	干物质采食量
干奶牛（kg/d）	12～13
围产牛（kg/d）	11～12
青年牛	体重的 2%～2.5%

（2）具体做法

该牧场 30%的干奶、围产牛体况偏胖（超过 3.75 分），干奶牛的干物质投放量达到 14.3kg/（头・d）。针对这一实际问题，通过实施以下技术措施，解决饲料转化效率低的问题：一是控制泌乳后期饲料转化效率在 1.2 左右；二是控制干奶牛干物质采食量在 13kg/（头・d）左右；三是对秸秆类粗饲料进行预铡切，提高干奶牛 TMR 均匀度，减少挑食现象导致的体况不均（图 2-11）。

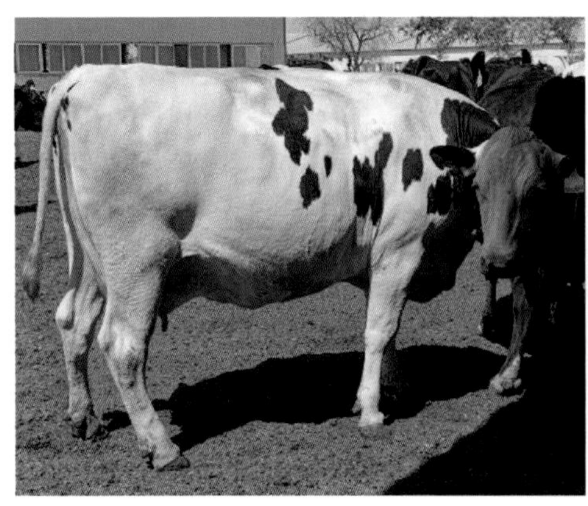

图 2-11　体况严重超标的干奶牛

3. 应用效果

通过管控饲料转化效率，该牛场把干奶牛采食量由 14～15kg/（头・d）

降低到 13.2kg/（头·d），平均每头干奶牛每天节约饲料成本 6.8 元，产后奶牛胎衣不下从 6.8%下降到 5.7%。该场存栏干奶牛 1 600 头，每年可节省饲料成本 400 万元。

4. 关键点控制

提高饲料转化效率，需要根据奶牛营养需要制作均衡营养、营养素浓度合适的饲料配方。严控饲料原料的霉变现象，保证所用饲料原料尤其是低质的秸秆类、花生秧原料无霉变现象，粗灰分含量在 10%以下。各阶段牛群使用 TMR 饲喂，控制 TMR 第一层的比例，以减少非泌乳牛的挑食现象，保证牛群合适的饲养密度，提高奶牛体况的均匀度。

三、PART THREE

疫病预防控制

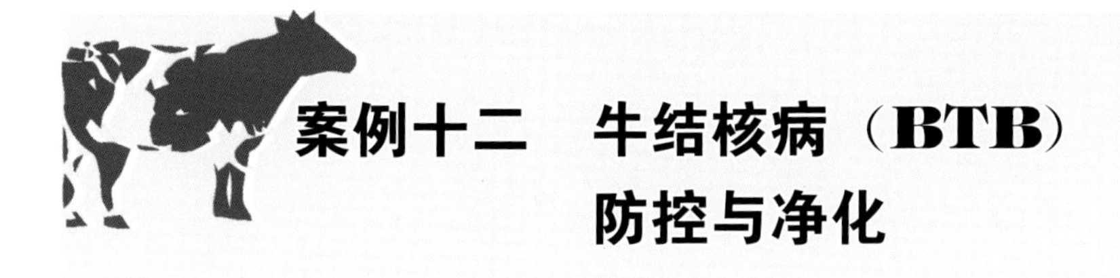

案例十二　牛结核病（BTB）防控与净化

1. 技术背景

牛结核病（BTB）主要是由牛分枝杆菌引起的一种人兽共患传染病。世界动物卫生组织（OIE）将其列为必须报告的动物疫病，我国将其列为二类动物疫病。该病有可能通过直接接触、喝生奶、吃肉等途径传染给人，进而发生扩散，不仅会造成严重的经济损失，还会导致严重的公共卫生安全问题。

2. 技术内容

国家动物结核病参考实验室制定了一套综合诊断策略和BTB净化方案。奶牛结核病综合诊断策略见图3-1。

（1）综合诊断

可采用五种免疫学方法联合检疫BTB。其中，三种检测早期感染的方法为皮内变态反应（SIT[①]）、比较变态反应（CIT[②]）和IFN-γ试验[③]；两种检测后期感染的方法为PPD[④]点眼反应、ELISA[⑤]。通过上述五种方法实施综合分析判定，即将SIT、CIT、IFN-γ试验和PPD点眼反应、ELISA中两者及两者以上方法检测均为阳性者，判定为后期感染牛。

扑杀并进行系统病理剖检，无菌采集不同组织器官病料，进行病理学和病原学诊断。采集牛只个体奶样和剖检粪便，以及牧场产房混合奶样和

---

① Single intradermal tuberculin，缩写SIT。

② Comparative intradermal tuberculin，缩写CIT。

③ IFN-γ试验：γ干扰素释放试验。

④ purified protein derivative，缩写PPD。

⑤ enzyme linked immunosorbent assay，缩写ELISA。

粪便集中池混合粪便，分别进行病原分离和PCR鉴定。

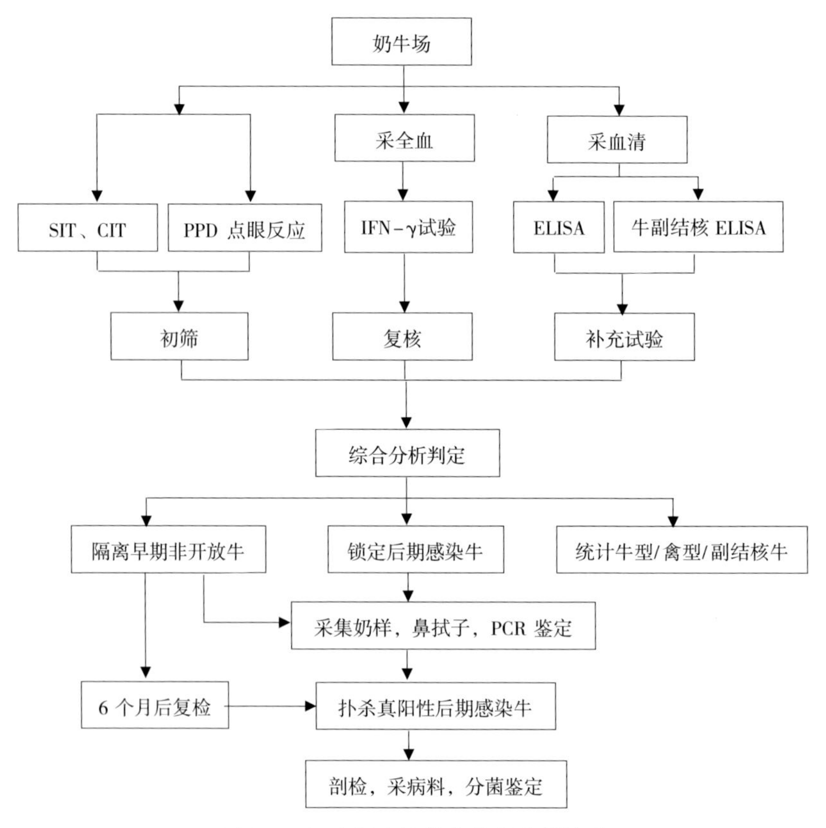

图3-1　奶牛场牛结核病综合诊断策略

综合诊断可提高牛结核病诊断的准确性，排除非特异性阳性牛，最大限度地检出感染牛，减少漏检，且易检出有病变的牛，提高检测阳性与剖检病变的符合率。

该综合诊断策略适用于不同流行状况地区或场区的牛结核病控制和净化，牧场可灵活运用该方案，参照建立适合本场的防控与净化方案，因场施策，分步实施，逐步净化。

（2）净化防控

①切断传染源：通过改进或更换牧场巴氏灭菌机对产房初乳和常乳进行灭菌。

②加大检疫扑杀力度：每年应用国标方法（SIT和IFN-γ试验）对感

染牛群检疫 4 次以上。

③消毒： 每 2 个月用 5%来苏儿或 5%复合酚对产房进行定期消毒 1 次，粪便用 10%漂白粉或 20%生石灰掩埋消毒或堆积发酵。及时跟踪调查牧场 BTB 阳性率，适时调整相应检测方法和防控措施，逐步达到牛群 BTB 净化。

3. 应用效果

以某个奶牛存栏 2 000 头的 BTB 污染牧场净化过程为例，该牛场历时 2 年，经过数次检疫淘汰扑杀后 BTB 阳性率由原来长期高达 5%以上降至 1%左右，达到国家牛结核病控制水平，经济损失减少 200 多万元。

4. 关键点控制

（1）科学监测

首先摸清牛场流行情况，对阴性牛场可进行一年 2 次的检测工作；阳性牛场应增加检测频率，间隔 2 个月进行一次，及早发现并淘汰阳性牛。

（2）初乳、常乳的巴氏消毒

严格做好奶源巴氏消毒，有利于培育健康犊牛群。

（3）培育健康犊牛群

远离阳性牛群，设置犊牛岛，对分娩母牛进行躯体消毒，犊牛隔离饲养，饲喂健康初乳和常乳。出生 20d 开始检疫，间隔 60d 检测 1 次，到 6 个月经 3 次检测为阴性的犊牛可转入健康牛群，阳性犊牛及早淘汰。

（4）引种控制

坚持自繁自养，扩大牛群时应从阴性场购买牛只，严格按照奶牛准调制度，同时严格遵守隔离饲养和检疫阴性后方可混群。

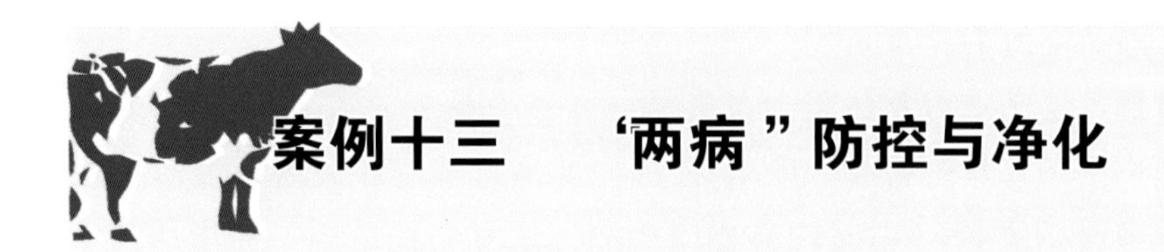

案例十三 “两病”防控与净化

1. 技术背景

布鲁氏菌病和结核病是奶牛常见的“两病”，属于奶牛重大传染病和人兽共患病，严重影响奶牛生产性能和从业人员健康。

福建省南平市绿盛牧业有限公司奶牛存栏1 066头，自2016年开展奶牛“两病”净化以来，生产性能、经济效益有明显提升。2018年5月，通过中国动物疫病预防控制中心组织的“牛布鲁氏菌病净化示范场”“牛结核病净化示范场”现场评估。

2. 技术内容

(1) 强化防控意识，明确净化目标

根据国家、省（自治区、直辖市）《中长期动物疫病防治规划（2012—2020年）》，该公司开展了奶牛“两病”的净化工作。从购入冻精入手，源头把控对奶牛饲养和公共卫生危害较大的疫病，清除场内传染源。根据《动物疫病净化示范场和动物疫病净化创建场评估标准（试行）》，形成了一套疫病监测、净化和维持净化的技术指导方案和制度体系。对奶牛布鲁氏菌病、结核病非免疫净化过程，重点抓好以下四个环节。

一是坚持自繁自养。除建场时引进460头奶牛生产外，其余全部以购入冻精方式进行扩繁。选购的冻精必须是奶牛“两病”检测阴性的种公牛站或绿盛牧业提供，阻止外部病原输入感染。

二是强化生物安全。建立和严格执行场区内生物安全保障制度，包含禁止饲养其他动物、定期消杀啮齿类动物和昆虫等具体防范措施和要求；建立和严格落实场区环境卫生制度，定期清洁消毒。

三是做好“两病”定期检疫。每年2～3次，对检出的阳性牛按照规

定无害化处理，及时清除场内“定时炸弹”。

四是加强“两病”净化培训。采取“走出去、请进来”等方式，坚持开展“两病”净化技术培训，提高企业员工对奶牛“两病”的防控能力。

（2）加大样本监测力度

在“两病”净化的基础上，坚持完善监测链条，采取企业自检、公司送检、疫控中心监测相结合方式，加大监测力度。2013—2018 年，奶牛布鲁氏菌病检测 12 次共 8 068 份血清样本，样本检测结果均为阴性；奶牛结核病检测 11 次共 8 314 头次，检测结果均为阴性。

3. 应用效果

实施“两病”净化，奶牛平均单产由 2016 年的 7.36t 提升到 2018 年的 8.79t，提高 19.43％；母牛流产率由 2016 年的 28.57％降至 2018 年的 18.4％。

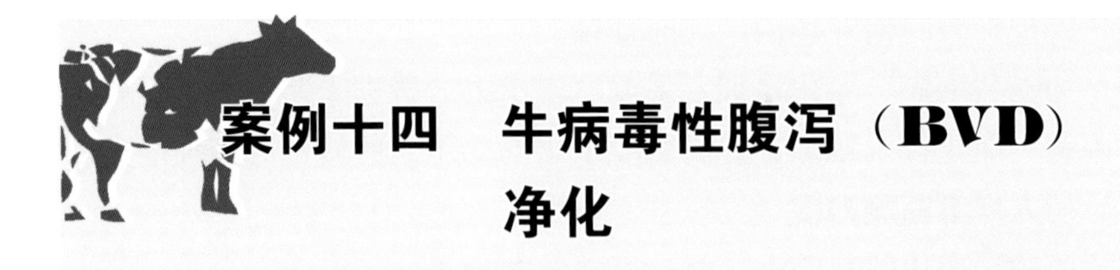

案例十四 牛病毒性腹泻（BVD）净化

1. 技术背景

即便外表健康的牛、羊、猪，也能够携带和传播牛病毒性腹泻病毒（BVDV）。从全球范围看，BVDV 流行感染问题容易被掩盖和忽视，但实际上造成的损失极大。其最大感染风险是来自于具有持续感染性的牛（PI 牛），PI 牛全身携带大量病毒，极少量的 PI 牛就能造成病毒扩散，可快速感染任一年龄段的牛只和不同规模的牛群。

2. 技术内容

东北农业大学研究整合了一套行之有效的牛病毒性腹泻（BVD）净化方法。

(1) 检测大缸奶

采用大缸奶抗体检测法或者检测 5%～10%成母牛血清抗体的方式。必须执行定期监测，2 次/月；如 4 次以上均为阴性，监测频率可降为 1 次/月。当混合的奶样数量占泌乳牛比例过少时，可能会产生偏差。

(2) 评估感染程度

被感染的奶牛场，其大缸奶的奶样光密度（optical density，OD）值通常大于 0.4。如发生此情况，应立即检测至少 5%成母牛血清抗体予以确认。一般情况下，污染场的抗体阳性率通常高于 35%。

(3) PI 牛抗原筛查与淘汰流程

取耳组织样本，采用病毒蛋白检测方法或病毒核酸检测方法筛查抗原。建议先从后备牛与犊牛开始检测，理论上后备牛与犊牛为 BVDV 阴性，这些牛的母亲必定不是 PI 牛，因此可排除部分成母牛，减少工作量。所有 BVDV 病原阳性牛（蛋白阳性或核酸阳性牛），检测确诊后，应立即隔离。

（4）排除急性期感染牛

由于急性期感染牛也会短暂地向外排毒，因此，第一次检测呈阳性的牛需要隔离 3 周后复检；第二次检测确定还是阳性的牛才是真正的 PI 牛。

（5）BVDV 净化的判定

检测或排除掉所有牛只后，监测大缸奶的 BVDV 抗体水平。如大缸奶抗体可持续降低至阴性水平，此时可初步认定该牛场 BVDV 已得到净化。

（6）持续追踪

持续检测每头新生犊牛的 BVDV 状态，如有新发 PI 牛，要回溯其母亲与兄弟姐妹牛，检测 BVDV。

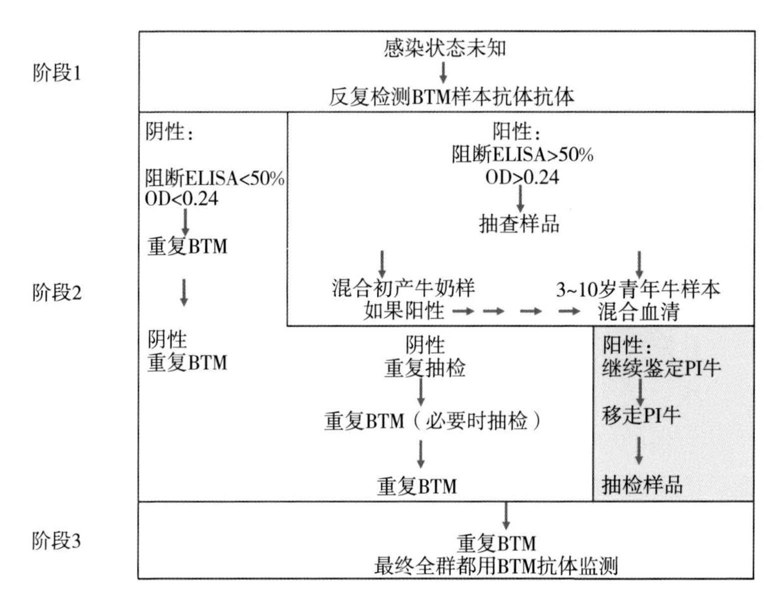

图 3-2　结合大缸奶（bulk tank milk，BTM）监测方式净化 BVDV 的基本流程

3. 应用效果

某个存栏 4 117 头奶牛的 BVDV 污染牧场，历时 1 年，经过 6 轮净化后，再未检出过 PI 牛，并且全程未使用疫苗免疫。

（1）生产性能

该牧场实施 BVDV 净化前，牧场成母牛的血清学阳性率为 95%，PI

牛比例为 4.2%；净化后阳性率均为 0。同时，生产、繁殖和健康也得到明显改善，日单产提高了 1.2 kg，怀孕率提高了 3%～4%，犊牛的腹泻率降低了 15%～18%，肺炎发生率降低了 12%～14%，乳腺炎发病率降低了 5%～7%。

（2）经济效益

净化成本主要为一次性投入的检测费用。以单头牛的检测成本为 30 元计算，全场的检测成本为 15 万～20 万元，而净化后每年可挽回的经济损失达 35 万～133 万元。实践证实，当年每投入 1 元，基本可得到 2 元以上的收益，而从长周期来看，能得到 6 元以上的收益。

4. 关键点控制

（1）核酸或病原蛋白的检测阳性率较高。正在发生感染的牛群时常会有超过 20%的核酸或病原阳性率，但大部分会在 2 周之后转为核酸阴性，因此对初检为阳性的牛只，必须要隔离 3 周之后进行复检。

（2）新生犊牛检测的时间点。即使检测方法理论上不受初乳影响，样本的收集也应尽量在灌服初乳之前完成，未食用初乳的新生犊牛，病原阳性即可认为是 PI 牛，理论上不需要进行复检。

（3）打耳标、断角、注射、修蹄、手术等操作，需要特别注意器械的消毒是否彻底，很多病毒病都能通过类似的路径从一头牛传到另一头牛。

（4）采集到的样本，每个要放入独立的密闭包装袋或管中，样品相互接触污染可能会造成误诊以及错误扑杀。

（5）疫苗不是解决 BVDV 感染的唯一方法。在重度暴露下，PI 牛产生的极多病毒数量完全可以压制疫苗免疫所提供的抗感染保护。确实有一部分 PI 牛外在表现为弱不禁风，但有将近 50%的 PI 牛实际上并不消瘦，表现正常，饲养牛条件好时甚至能达到育肥标准，需通过检测确定。

案例十五　乳腺炎防治

1. 技术背景

奶牛乳腺炎是造成奶牛养殖业经济损失最严重的一种常发疾病，根据其临床表现可分为临床型和亚临床型 2 种。亚临床乳腺炎又称隐性乳腺炎。该病的发生与各种诱发因素导致病原微生物入侵有关，多呈混合感染，病原耐药严重，防控难度较大。

2. 技术内容

中国农业科学院兰州畜牧与兽药研究所集成了一套精准防控奶牛乳腺炎的配套技术（图 3-3）。

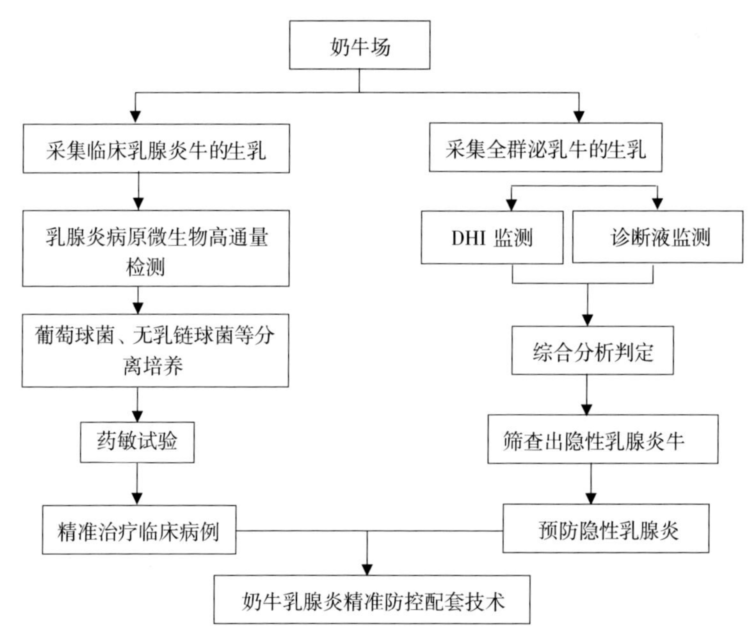

图 3-3　乳腺炎精准防控配套技术

(1) 奶牛生产性能测定（DHI）定期监测乳腺炎生物信号

生鲜乳中体细胞升高是判定奶牛乳腺炎的主要生物信号，有条件的牧场可长期参加 DHI 测定。每月 1 次的生鲜乳中体细胞报告，能精准反映某头奶牛的乳腺健康状况。体细胞呈连续升高趋势，提示该头泌乳牛可能会发生临床乳腺炎或已是隐性乳腺炎病例。

(2) LMT 定期监测牛群乳腺健康

该项技术已于 2015 年通过农业行业标准评审并颁布实施（NY/T 2692—2015），以阴离子表面活性剂为主要成分的诊断液，能破坏生鲜乳中体细胞，释放出细胞核 DNA，遇水形成黏度高的凝集物。生鲜乳中体细胞数越高，形成凝集物越多。该技术成本低廉，易于操作，适用于各种规模奶牛场泌乳牛隐性乳腺炎的现场诊断，但不包括干奶前 2 周和分娩后 1 周泌乳牛。

(3) 乳腺炎病原微生物高通量检测

16 联牛乳腺炎病原菌核酸检测 PCR-荧光探针法病原微生物高通量检测技术，可在 4h 内实现牛乳腺炎常见病原金黄色葡萄球菌、无乳链球菌、牛支原体、牛棒状杆菌、支原体属、葡萄球菌属、大肠杆菌、克雷伯氏菌属、原壁菌属、停乳链球菌、乳房链球菌、化脓隐秘杆菌、黏质沙雷氏菌、酵母菌、肠球菌、葡萄球菌属 β-内酰胺酶抗性基因的监测和鉴定，适用于牧场病原微生物动态变化实时监测，也可指导牧场精准诊断临床病例。

(4) 奶牛乳腺炎生鲜乳中金黄色葡萄球菌、凝固酶阴性葡萄球菌、无乳链球菌分离鉴定

该项技术已于 2016 年通过农业行业标准评审并颁布实施（NY/T 2962—2016），包括奶样采集、病原菌分离培养、生化鉴定和 PCR 检测等技术方法，适用于个体奶牛乳腺炎病例的病原精准诊断。

(5) 临床病例精准治疗

依据病原精准诊断结果，对分离、培养的致病微生物进行药敏试验，可采用药敏纸片法，简单易行，适用于设有化验室的任何牧场。依据药敏试验结果选择敏感性高的抗菌药，对个体病例进行精准治疗。须严格遵照药物说明书用药和执行休药期。

（6）隐性乳腺炎的预防

依据 DHI 检测的奶牛乳腺炎信号和诊断液监测结果，如果发现牛群体细胞数有升高趋势，可选用蒲公英、公英散、蒲行淫羊散等中药，通过 TMR 添加给乳腺炎高危牛群使用，可达到预防奶牛乳腺炎的目的，还可降低抗菌药物用量。

3. 应用效果

在 5 个规模牧场示范推广奶牛乳腺炎精准防控结果显示，临床型乳腺炎发病率从平均 4.8%降低到 2.74%，亚临床乳腺炎从 18.29%下降到 12.4%，每天产奶量提升 0.75 kg/头，每头泌乳牛每年新增收益约 600 元。示范该项技术的牧场，病原背景及其变化趋势清晰，抗菌药物用量明显下降，耐药菌数量呈减少趋势。

4. 关键点控制

乳腺炎重在预防，牛场要定期参与 DHI 检测和使用 LMT 诊断液监测泌乳牛群，及时发现隐性乳腺炎牛，使用中兽药进行治疗，降低临床乳腺炎发病率。对已经转为临床乳腺炎的牛用乳腺炎病原微生物高通量检测，精准确定病原，及时使用有效药物进行治疗，缩短治疗周期，降低抗菌药物使用量，节省治疗成本。

案例十六　蹄病防控

1. 技术背景

奶牛蹄病以趾间皮炎、疣性皮炎、白线病、蹄底溃疡居多，患病蹄部表皮和真皮发生化脓性病变，导致跛行等运动功能障碍。国家动物健康监测服务奶业报告数据表明，牧场奶牛淘汰率一般为20%左右，其中由于蹄病、跛行引起的淘汰占16%。该病不仅能够影响奶牛的正常生理活动，而且会大幅降低奶牛的泌乳量和繁殖力，使奶牛的经济利用价值下降，且如未能及时治愈，还将进一步导致奶牛死亡或被淘汰，对牧场造成巨大的经济损失。

2. 技术内容

以奶牛蹄病诊断评估方法为基础，制订防治流程和措施，把握关键点。

（1）诊断评估方法

①奶牛行走移动评分：以观察奶牛背部姿势为重点，根据奶牛在站立和行走时的观察结果进行评分。

②奶牛站姿评分：在奶牛采食站立时，对两只后腿的分叉角度进行评分。

③观察法：在奶厅挤奶时，对牛蹄进行评估，观察是否患有蹄病。

（2）防治流程

①定期修蹄：一年进行2～3次定期修蹄，修蹄时按照不同类型进行针对性处理。

②注重预防：蹄病重在预防，保持环境清洁干燥，清除异物，进行正确的蹄浴，做好生物安全措施，避免过度拥挤，提供无磨损且有良好抓地力的地面，提供舒适的栏舍，采用正确的修蹄方法，饲喂营养均衡的日

粮，避免突然更换日粮，避免热应激。

③蹄病分情况处理： 泌乳牛一般通过行走移动评分（图 3-4）进行蹄病评定。泌乳牛肢蹄评分 1 分和 2 分相加占到 75%以上时，群体肢蹄情况相对良好，可以采用常规保健，每周蹄浴 2 次；反之，肢蹄评分 1 分和 2 分加起来不足 25%时，反映群体存在严重蹄病，需要增加蹄浴频率，每周 4～5 次。对于肢蹄病严重的个体，修蹄车保定后需单独使用有机离子无抗生素护蹄喷雾治疗。青年牛群体常规保健的频率为每周 2～3 次，在采食槽保定喷蹄；对于严重的病例，用修蹄车保定后使用有机离子无抗生素护蹄喷雾治疗。

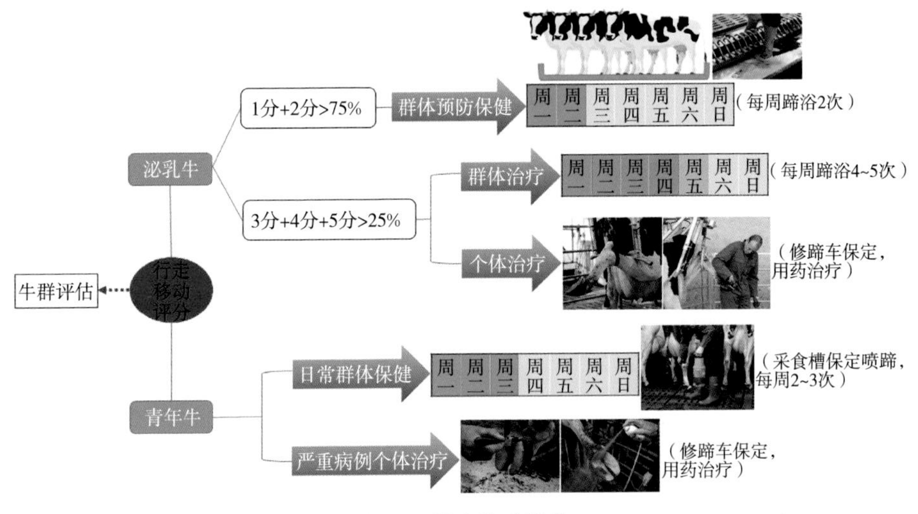

图 3-4　行走移动评分

3. 应用效果

某地区 7 个牧场总计 231 只病蹄患有疣性皮炎，采用传统抗生素喷雾，平均治愈率为 47.9%；而采用有机离子无抗生素护蹄喷雾，平均治愈率为 89.8%。每头蹄病牛使用传统抗生素治疗后，经济损失减少 402 元；使用有机离子护蹄喷雾治疗后，经济损失减少 796 元。以 1 000 头蹄病牛计算，使用有机离子喷雾治疗后，经济损失减少 79.6 万元，比传统抗生素治疗经济损失减少 39.4 万元。

4. 关键点控制

蹄浴是蹄病防控最有效的基础环节之一。选择合适的蹄浴设施和蹄浴药品尤为关键，应根据持续记录的奶牛步态评分和蹄病发病率统计结果，评定其有效性。传染性蹄病采用传统抗生素治疗的方法对于食品安全存在一定的风险，因此应尽可能选择有机、无抗、环保、安全的治疗和预防传染性蹄病产品。

案例十七　内蒙古富源国际实业有限公司结节性皮肤病防控

1. 技术背景

内蒙古富源国际实业（集团）有限公司成立于2012年2月，总部位于呼和浩特市，现有牧场15座，奶牛存栏6万头。结节性皮肤病于2019年8月传入我国。为做好防控工作，公司第一时间收集、查阅国内外针对牛结节性皮肤病防控措施，及时组织各牧场对该病科学防控措施进行专项宣传和培训，加强灭蝇等传播途径管控，最大限度阻断牛结节性皮肤病传播，确保牧场在疫情防控中措施得当。截至2020年底，公司所属各牧场均未发生牛结节性皮肤病疫情。

2. 技术内容

(1) 密切关注国内疫情动态

①由技术中心牵头，对各牧场进行专业防控知识培训宣传，强化牧场对该病重视程度，提升管理水平，定期对员工培训，全面认识该病的严重性和对牧场的危害性。

②密切关注本场牛群状况，关注周围村庄及其他养殖企业的疫病信息。

③明确上报机制，公司内部按照奶牛重大疫情应急预案执行，外部由公司统一对接当地兽医主管部门负责信息上报工作。

(2) 立即部署科学防控措施

①制订检测方案，对所有牧场进行采样检测，摸排牛群健康状况。

②禁止从疫区购买饲草料，入场车辆严格执行消毒程序，控制传染来源（表3-1、表3-2）。

表 3-1　消毒池建设及消毒要求

消毒池位置	牧场人流口门外消毒池	牧场物流口门外消毒池
建设标准	长度至少 6 m，坡度两端各 1.5 m，宽度 4 m，深度 20 cm 以上	长度至少 8 m，坡度两端各 2 m，宽度 4 m，深度 25 cm 以上
液位要求	消毒液位 15 cm，水位低于标准水位 3 cm 以上时，立刻加水及消毒液至标准水位	消毒液位 20 cm，水位低于标准水位 3 cm 以上时，立刻加水及消毒液至标准水位
维护频次	每天早晨维护 1 次	常规每天早晨维护 1 次，如遇青贮收购期间车辆较多，需增加消毒池换消毒药次数，具体时间在上午 5:30—6:00、下午 2:30—3:00、晚上 8:30—9:00
替代方法	北方牧场冬季消毒液不能使用时，池内下铺草帘，上撒 10～15cm 厚度生石灰（无草帘时直接铺设生石灰）	北方牧场冬季消毒液不能使用时，池内下铺草帘，上撒 10～15cm 厚度生石灰（无草帘时直接铺设生石灰），另视情况配合喷雾消毒
运行时间	常年运行（主要针对拉奶车及后勤保障物资运输车）	常年运行，尤其是在防疫敏感期、青贮收购期，需加强消毒液更换频次

③加强灭蝇工作管理，最大限度控制传播媒介。

表 3-2　牧场灭蝇要求及方案

灭蝇要求		每年 3 月对牧场进行灭蝇的关键点和实施方案培训，实行灭蝇蛆和灭成蝇相结合；分区域分部门执行责任划分灭蝇方案；灭蝇药要求安全、低毒、高效
灭幼蝇方案	灭幼时间	北方 3 月中旬至 9 月底，南方 3 月初至 10 月底，贯彻灭蝇工作始终
	灭幼区域	成母牛舍、堆粪场（池）、犊牛舍、干湿分离处
	灭幼方法	用长效性药品（素花、列喜镇）进行空间喷洒，达到快速覆盖滋生区域的目的
	灭幼频次	南方：3—5 月份每月 4 次，6—9 月份每周 1 次，10 月份每周 1 次 北方：3—5 月份每周 1 次，6—8 月份每周 1 次，9 月份每周 1 次
	其他	与环境整治配合进行。灭蝇蛆的主要区域包括氧化塘、牛舍堆粪处、产房、病牛舍、废青贮堆积场、排水沟
灭成蝇方案	重点区域	犊牛舍、成母牛舍、TMR 车间牛舍料槽、大宗原料库房、挤奶厅、产房、餐厅、生活区垃圾存放点
	灭蝇方式	根据实际情况灵活掌握空间喷洒、诱杀

④确保各项防控管理措施（表3-3）执行落实到位。牧场首先要做好消毒保障工作，包括入场消毒（入场人员、入场车辆、物料消毒等）、场区消毒（牛舍、运动场、产房等）、生物肥料区消毒、生活区消毒，加强饲养管理和环境消毒，增强动物的抗病能力，消灭环境中存在的病原体等。

表3-3　防控管理各项措施及要求

场所	消毒剂	浓度标准	消毒方法	消毒时间
牧场门口消毒池	二氧化氯消毒剂（粉）/火碱	二氧化氯按说明书配置，使用2%～3%浓度火碱。	溶液	要求多频次开展
	生石灰干粉（氧化钙含量95%以上）	原粉	冬季结冰期用	按需
门口高压消毒设备车辆表面消毒	二氧化氯消毒剂/百胜-30/季铵盐类	按说明要求配比	全方位表面喷雾	每次入场
挤奶厅、待挤圈、挤奶台 牛舍（包括犊牛舍）、待挤间消毒等	百胜-30（碘酸混合溶液）、火碱、过氧乙酸	按说明书要求配比	喷雾	要求多频次开展
卧床垫料	生石灰干粉	3%比例掺入	与垫料充分混合	按需
消毒室地垫	二氧化氯消毒粉/过氧乙酸溶液	按说明书要求配比	溶液浸泡	日常
消毒室喷雾	84消毒液	1∶400	日常喷雾	日常
人员洗手消毒（消毒室、操作间、餐厅等需洗手消毒区域）	碘伏	冬季加入0.5%甘油，以防皲裂	洗手后擦拭消毒	日常
	75%医用酒精	75%医用酒精	洗手后擦拭消毒	日常
	新洁尔灭	0.1%	浸泡消毒	日常
运动场消毒、挤奶通道、犊牛岛、产房	火碱，过氧乙酸、百胜-30	2%～4%火碱、0.3%过氧乙酸，按说明配比	喷雾消毒	各种消毒剂可每周或每旬更换交替使用，不得穿插混用，要求多频次开展
	生石灰	原粉	干撒	冬季结冰期用

（续）

场所	消毒剂	浓度标准	消毒方法	消毒时间
刷鞋水池、水槽	百胜-30 二氧化氯消毒剂	按说明配比	刷洗浸泡	日常
办公生活区	84消毒液	按说明配比	喷雾、擦拭	日常
粪尿堆积区	火碱	4%	喷雾	要求多频次开展
生产区车辆（饲草料车辆、TMR车）	高锰酸钾（粉）	1∶1000	对内部饲料残留区、卫生死角清理后，用高锰酸钾水进行清洗消毒处理	要求多频次开展
污染车辆（推粪、淘牛车等）	火碱/百胜-30	4%火碱，按说明配比	清洗后喷雾	日常

⑤强化牛只调拨和淘汰牛只离场管理。牛只调拨管理：针对未发生牛结节性皮肤病的地区，牛只调拨工作可正常开展；针对已有牛结节性皮肤病病例的地区，需对调拨牛群进行血清检测，检测结果为阴性，方可依据相关管理制度进行调拨。淘汰牛只离场管理：针对未发生牛结节性皮肤病的地区，淘汰牛只离场工作可正常开展，针对已有牛结节性皮肤病病例的地区，需对离场牛只进行血清检测，检测结果为阴性方可依据相关管理制度淘汰离场。

（3）根据国家政策及时调整升级防控措施

国家疫苗接种指导政策出台后，公司第一时间将前期制订的“检、控”措施立即升级为“检、控、免”一体化综合措施，实施全群免疫接种，从应对疫情角度形成较为完善的综合防控措施。

①羊痘疫苗接种：根据疫苗生产厂家建议，使用羊痘疫苗的5倍剂量，统一进行皮内接种。

②免疫牛群：≥85日龄的牛只。

③针对该疫苗是否会导致大批过敏、掉产、发病等问题，提前制订预案。

④结合前期综合防控措施，持续通过检测监控未执行免疫牛群，并持

续对符合条件牛群进行免疫接种。

(4) 严保各项防空措施执行到位

①各项防控措施落地执行，场长为牧场第一责任人，亲自带头监管，责任到人。

②未按要求执行的牧场，依据牛病管理五级评定制度进行通报、考核。

3. 应用效果

该公司立足疫情形势，制订了全面可行的防控措施，构建人防、物防、技防三位一体的防疫安全保障体系，做实做强防疫屏障，确保牧场在疫情防控中措施得当，效果明显。截至2020年底，各牧场均未发生牛结节性皮肤病疫情；同时，经过牛结节性皮肤病“阻击战”，掌握至关重要的防控策略；通过牛群疫苗接种，获得羊痘疫苗接种后对牧场生产运营数据的影响范围以及过敏率、保护率、应激产量影响等基础数据，为后续持续防控总结了宝贵经验。

四、PART FOUR

饲养管理与社会化服务

案例十八　现代牧业（集团）有限公司热应激控制与应用

1. 技术背景

每年7—9月份我国夏季热应激都会造成奶牛生产性能的下降，热应激控制不良的牛场产奶量下降20%，妊娠率下降20%，给牛场造成较大的经济损失。

国家奶牛产业技术体系数据显示，7—9月份，奶牛的单产平均下降7%左右。经测算，奶牛热应激造成全国夏季生鲜乳损失达40万t，经济损失15亿元，加剧了生鲜乳生产的季节性不平衡和消费旺季缺奶问题。因此，研究和推广控制热应激的综合技术措施，做到在奶价高的季节多产奶，实现增产增效，具有重要的现实意义。

2018年，现代牧业（集团）有限公司加大了预防热应激技术与设施的投入，取得了较好的效果。

2. 技术内容

预防奶牛热应激的综合技术措施，通常包括牛舍等基础设施优化、物理降温技术、日粮营养调控和饲喂管理等。其中，物理降温是控制夏季奶牛热应激最有效的技术措施。不同牛群和场所，热应激控制需求不同，按照对生产的影响程度，由大到小的依次顺序为：待挤厅>围产牛/干奶牛>产房>新产牛>高产牛>挤奶厅>进出挤奶厅通道>其他牛群。牧场应结合自身实际，制订有针对性的热应激综合管控方案。

（1）牛舍设计优化

应因地制宜地采取适宜本地区的牛舍结构模式。空气干燥地区宜采用湿帘降温的封闭式牛舍，夏季湿热地区更适宜采用开放式牛舍。对于新建的开放式牛场，建议加大牛舍屋顶高度，增加自然通风和降低屋顶辐射热。有运动场的牛场一定要修建凉棚，凉棚面积按每头牛4.2m^{2}计，高度 4.3m 以上。西北地区某牛场改建抬高牛舍屋脊高度至 10m、屋檐高度至 4.5m，牛舍内部温度同比下降 2 ℃。

（2）物理降温措施

1）采食道

在热应激明显的地区，建议采取“喷淋＋风扇”的降温技术。

①风扇安装参数： 每 6m 安装 1 个风扇（小于 10 倍风扇直径）；风扇高度 2.2～2.3m，以不碰到牛只和设备为宜；与垂直面呈 20°～35°，主风方向一致，风向朝向牛体而不是牛头；远端风速 3m/s，不低于 2m/s。

②“喷淋＋吹风”的循环技术参数： 100 头牛的牛舍，一般安装 50 个喷头，喷头的高度离牛背 1.5m；喷淋时水滴要大，保证水滴能落到牛的皮肤上；喷淋 30s，然后停止喷淋，吹风 4.5min，5min 一个循环。

③运行温度要求： 大于 21 ℃开启风扇，大于 25 ℃开启喷淋＋风扇。

图 4-1　采食道通过“喷淋＋吹风”降温

2）卧床通风

对于高产牛群，建议卧床采用双排风扇，安装要求大致与采食道的要求相同，但要进一步降低风扇安装高度至 1.8～2 m，安装角度 20°～25°。

对于南方热应激严重的超大型封闭式牛场，在牛舍内部增设大型强力风扇，保证采食道、卧床等处的风速基本达到 3 m/s，可有效缓解奶牛的热应激。

图 4-2　卧床通过风扇降温

3）待挤厅

待挤厅同样采用“风扇+喷淋”的降温模式。风扇距离地面高度为 2.4m，同一排风扇间距为 0.9 m，待挤厅风速达到 4 m/s。优化喷淋装置，提高喷水压力，可选直径达到 6m 的伞式喷嘴喷淋（水滴），充分喷湿牛体。大于 21 ℃开启“风扇+喷淋”。

图 4-3　待挤厅通过“风扇+喷淋”降温

（3）营养和饲喂管理

做好夏季日粮营养调控和饲喂管理，有助于预防奶牛热应激。一是提高日粮的营养浓度，保证原料品质。利用脂肪粉、棉籽等提高能量浓度，增加优质粗饲料提高消化率，增加甜菜颗粒粕等短纤类饲料，降低热增耗，适当提高蛋白浓度。二是日粮中添加抗热应激的添加剂，比如酵母类、甜菜碱等。三是调整发料时间、次数和比例。有条件的牛场可以每天增加 1 次发料；发料时间尽量避开高温时间，增加早晨、晚间投料比例。

四是夏季尽量给奶牛饮用凉水，保障饮水充足（10cm/头），避免水槽被阳光照射，必要时可在水槽中放置冰块。

运用上述综合调控管理，可使奶牛的呼吸频率小于 80 次/min，直肠温度低于 39.5℃，有效预防和缓解奶牛的热应激。

图 4-4　饮水槽通过加冰降温

3. 应用效果

该牛场通过应用热应激控制技术和相关设施，有效缓解了 6—9 月份奶牛的热应激。2018 年的热应激温湿指数（THI）[*] 从 100.1 降到 88.8，降低了 11.3。泌乳牛日单产从 25.7 kg 提高到 28.3 kg，提升 10.1%；成母牛的情期受胎率从 21.3%提高到 27.8%，最终实现多产犊牛 300 多头。2018 年 6—9 月，平均每头泌乳牛增收 1 240 元，存栏 1.6 万头泌乳牛新增收入达到1 984万元。同期 4 个月期间新增设备折旧和运行费用 1 073 万元，新增利润 911 万元，平均每头泌乳牛新增利润 569 元（表 4-1）。

* 热应激温湿指数（temperature-humidity index，THI），通常用来表示畜禽养殖过程中是否处于热应激状态及其程度。当 THI 大于 68 时，动物开始处于热应激状态。

表 4-1 热应激管控节本增效显著

项目	2017 年 6—9 月	2018 年 6—9 月	改善（%）
THI 指数	100.1	88.8	11.3
泌乳牛单产（kg/d）	25.7	28.3	10.1
成母牛受胎率（%）	21.3	27.8	30.5

4. 关键点控制

奶牛场要建立物理降温是控制夏季热应激最有效措施的理念，其他措施只能起到辅助作用，不能本末倒置。根据牛场所在气候特点选择合适的缓解热应激设施设备，确保风扇和喷淋设施的正确安装，严格遵守各项参数。安装风扇之后，应检测所有风扇主轴的风向。风扇反转会导致部分风扇吹风效果为零。

建议采用自动化控制中枢，根据温湿度指数由计算机自动开关风扇和喷淋设备，减少人为控制的时间误差和浪费。目前已开发出智能精准喷淋系统，在检测到牛只的情况下才开启喷嘴，有效降低用水量 60%。在环保压力大、用水紧张的地区，采食道可安装该设备。夏季一定要保障牛场不断电，必要时缓解热应激设施设备应布双线。

案例十九　江苏锡诚奶牛养殖有限公司热应激控制

1. 技术背景

在“长三角”地区，每年7—9月份是奶牛养殖周期中的“亏损期”。由于热应激气候的影响，奶牛产奶量急剧下降，养殖成本显著上升。宿迁市锡诚奶牛养殖有限公司地处江苏省泗阳县，前身是当地的一家养殖小区，自2017年重新组建以来，边生产边改造。2018年10月至2019年5月，完成了由原先的拴系饲养到自由卧床、机械清粪、上台挤奶的现代化饲养模式的改造。

2. 技术内容

针对热应激造成的严重影响，宿迁市锡诚奶牛养殖有限公司主要从以下两方面采取措施：一是通过防暑降温，改善奶牛舒适度；二是提升奶牛养殖全程营养管理水平。

(1) 综合防暑降温流程

1）牛舍

①风扇：牛舍温度≤18℃，无须开启；牛舍温度19～21℃，开启一排（牛只比较集中的一侧）；牛舍温度≥21℃，全部开启。

②喷雾：牛舍温度20～25℃，喷雾40s，间隔10min；牛舍温度25～30℃，喷雾1min，间隔5min；牛舍温度30℃以上，喷雾1min，间隔3min。

③喷淋：温度≥22℃，温热指数（THI）指数≥68，牛只采食时喷淋，喷淋30s，间隔5min。温度≥25℃、THI指数≥72，牛只采食时喷淋，喷淋30s，间隔5min；牛只休息时喷淋，喷淋30s，间隔8min。温度≥30℃、THI指数≥80，牛只采食时喷淋，喷淋30s，间隔3min；牛只

休息时喷淋，喷淋 30s，间隔 5min。牛舍降温喷淋设备见图 4-5。

图 4-5 牛舍降温喷淋设备

④冲水：极端天气下（温度≥35℃），利用挤奶空班时间将牛只赶至待挤厅集中冲水。

2）挤奶厅

①风扇：待挤厅温度≥19℃，开启风扇。

②喷淋：待挤厅温度≥22℃、THI 指数≥68，开启喷淋，喷 1min，间隔 5min；待挤厅温度≥25℃、THI 指数≥72，开启喷淋，喷 1min，间隔 3min。挤奶厅降温喷淋设备见图 4-6。

图 4-6 挤奶厅降温喷淋设备

(2) 贯彻全程营养管理技术

1) 确保饮水

①水温: 水温控制在10～15℃。

②水槽: 每头牛的平均水槽长度不低于15 cm，水槽充水速度为10～15s充满。

2) 稳定采食量

①推料: 增加料槽的推料次数至每天15次。

②诱食: 每头每天补充3g甜橙果香味的诱食剂，改善日粮适口性。

③苜蓿青贮: 玉米青贮的干物质和淀粉达到“双30”、苜蓿草相对饲喂价值（RFV）不低于170，燕麦草水溶性碳水化合物（WSC）不低于20%。

3) 改善能量代谢

每头每天补充250 g过瘤胃葡萄糖，增加血糖供应，减轻体脂动员带来的肝脏代谢负担，提高产奶量。每头每天补充20 g过瘤胃烟酸，提高能量代谢效率。

4) 降低食后体增热

每头每天补充200～300 g的棕榈脂肪酸（C16：0），同时确保日粮总脂肪含量≤7%，植物油脂来源的粗脂肪≤2%。提高短纤维饲料的用量，控制中性洗涤纤维（NDF）≥28%，酸性洗涤纤维（ADF）≥18%，有效中性洗涤纤维（eNDF）≥20.5%。

5) 改善碳氮平衡

将日粮粗蛋白水平比其他季节提高1个百分点。瘤胃降解蛋白（RDP）≥11%，淀粉NFC：RDP为（3.5～3.8）：1。使用瘤胃缓释尿素替代植物蛋白，减少常规蛋白饲料的发酵产热量。

6) 调控发酵效率

针对热应激期间瘤胃代谢效率降低的现象，每天补充100 g植物酶解小肽，提高微生物增殖速度，增加微生物蛋白和瘤胃挥发酸的总产量。

7) 平衡电解质离子

提高日粮中钾至1.5%、钠至0.5%、镁至0.3%，保持钾钠比为3：

1，钾镁比为5：1。提高日粮阴阳离子差[*]（DCAD）至+400mEq，促进采食。小苏打的添加量不低于0.75%，同时适当增设料槽，保证自由补饲小苏打和食盐。

8）预防酸中毒和二次发酵

增加精料时，确保日粮纤维的最低限NDF≥28%、eNDF≥20.5%。料槽中使用丙酸类防霉剂，防止青贮饲料二次发酵。提高全混合日粮（TMR）含水率至52%～55%，改善适口性。

9）调整发料制度

增加发料次数，1次的改成2次，2次的改成3次。加强夜间补料管理，训练奶牛适应夜间采食。

3. 应用效果

通过采取综合防暑降温和全程营养管理措施，宿迁市锡诚奶牛养殖有限公司2020年7—9月份的总产奶量和成乳牛平均单产大幅提升，实现了大幅减亏，并为全年获取高产高效奠定了良好基础。据统计，2020年全年的成乳牛单产已经超过12 t。宿迁锡诚的实例再一次证明，唯有提高单产才能摊薄生产成本。7、8、9月份的成母牛日单产同比分别增长8.23kg、5.4kg、1.83kg，饲料成本同比分别下降0.21元、0.13元、0.01元，工资成本同比分别下降0.06元、0.07元、0.05元，产畜摊销同比分别下降0.04元、0.03元、0.01元。

4. 关键点控制

（1）防暑降温

喷淋开启时间为挤奶后夹劲枷1h（1/4牛只回牛舍后）。具体喷淋开启持续时间以现场观察打湿牛身时间为准；喷淋间隔时间以现场观察牛身

---

* 日粮阴阳离子差的计算主要涉及两种阳离子（钾和钠）和两种阴离子（氯和硫）。阴阳离子的计算公式如下：

$$\frac{\left[\left(\frac{\text{钾离子浓度,\%}}{0.039}\right)+\left(\frac{\text{钠离子浓度,\%}}{0.023}\right)-\left(\frac{\text{氯离子浓度,\%}}{0.0355}\right)-\left(\frac{\text{硫离子浓度,\%}}{0.016}\right)\right]}{100\ (\text{g，干物质})}$$

单位是毫克当量（mEq），离子浓度均以日粮干物质为基础。

被吹干时间为准。

待挤厅每潮挤奶第一栏牛需确定风扇、喷淋开启。待挤厅每潮挤奶需监督好风扇，喷淋按照要求开启，特别是早晚潮。牛舍风扇、喷淋要按照要求及时开启，特别是每潮挤奶靠前面的区域。安排专人负责操作防暑降温设备，同时安排专人监督、检查。

（2）日粮优化

日粮中淀粉和可降解蛋白的水平要确保瘤胃的碳氮平衡，确保日粮中来自脂肪的能量供应和来自瘤胃可发酵有机物的能量供应平衡。做好TMR的质量控制，包括青贮饲料原料、搅拌过程、料槽管理全过程管控。

新产牛的采食量应确保产后7d内恢复18kg。围产牛要按照泌乳牛的要求做好防暑降温以及相应的日粮优化。

案例二十　北京首农畜牧邢台牧场高产奶牛精细化管理

1. 技术背景

一个牧场的管理水平主要体现在奶牛生产水平、牛群健康状况、牧场运营成本等方面。牛场管理的核心是人的管理，即管好人，就能管好牛。精细科学的管理，对提高牧场综合经济效益至关重要，往往无须增加投资，就可“事半功倍”，实现奶牛生产性能最大限度的释放。

北京首农畜牧邢台牧场总存栏 1 561 头，2017 年成母牛年单产为 8.2t，通过实施多维度精细化管理，2018 年牧场实现了成母牛单产 11.6t，牛群增长率 16.3%，全年繁殖率 84.8%，成母牛年淘汰率 19.2%。

2. 技术内容

牧场通过多维度加强各环节精细化管理，取得了明显的效果。具体做法如下。

(1) 人员管理

组建牧场管理团队，体现管理层价值，给中层领导以信心，充分放权，调动员工积极性；制订牧场管理制度，包括周会制度、日报制度、晨会制度等，对建立稳定的牧场管理秩序和实现牧场管理策略起到了关键作用。

(2) 重点环节管理

重点做好体况调整—接助产管理—产后护理三个环节。牧场针对牛只泌乳后期整体偏肥、接助产不规范、死胎多和产后护理不到位等情况进行综合改进。一方面调整日粮配方，尤其在泌乳后期降低日粮脂肪水平甚至对大胎肥牛限制其采食量；另一方面制订接助产操作流程，规范接助产具体操作要求并规定特殊情况处理方案。

与此同时，强化产后护理和预防保健。一是加强对酮病的检测和治疗，产后牛第 4 天监测血酮，对于酮值异常牛只单独治疗，减少酮病的发生；二是制订本场的喂奶流程，严格执行初乳分级管理，明确规定犊牛出生 1 h 内必须 100%足量灌服合格初乳；三是对犊牛疾病采取“加州大学评分法”进行量化评估，提前预防治疗，坚持犊牛“应激不重叠”，最大限度降低犊牛的应激。

（3）实施精准饲喂

根据牛只产量、体况、代谢情况进行精准饲喂。实施精准配方—精准执行—精准评估的三段式精准管理。同时，特别注重部分营养指标值调整，将淀粉含量由 23%提高到 26.5%，考虑日粮的 NDF 和饲料适口性问题，并且通过增加推料次数、提高上料准确率等方法，提高泌乳牛采食量。

（4）提升牛群福利和素质

自 2018 年起，牧场采取一系列措施，改善牛只福利，加大牛群优化力度。加强奶牛卧床舒适度管理，发生热应激前实施奶牛集中修蹄，夏季奶牛水槽加冰等，对成母牛制订严格的禁配措施，并且提高主动淘汰比例、降低被动淘汰比例。2019 年，主动淘汰牛只占总淘汰牛只的比例为 70%左右。

3. 应用效果

通过实施高产奶牛精细化管理，牧场犊牛接产成活率由 85%提升至 97%，犊牛日增重由 2018 年初的 720 g 提高到现在的 1 030 g；泌乳牛干物质采食量由年初 21 kg 提升至 26 kg，产量由 30.4 kg/d 提升至 40 kg/d（产奶曲线见图 4-7）；提高奶牛单产，每头成母牛年均产奶量提高 3.4t。2018 年成母牛净利润达到 8 400 元/（年·头）。精细化管理前后的奶牛生产性能对比，详见表 4-2。

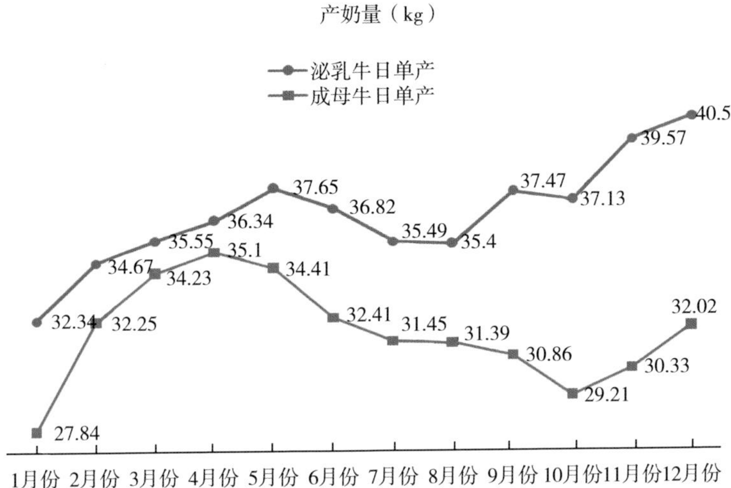

图 4-7　2018 年牧场产奶量变化曲线

表 4-2　精细化管理前后生产性能对比

项目	2018 年前	2018 年
犊牛接产成活率（%）	83	97
犊牛日增重（g/d）	720	1 030
泌乳牛 DMI［kg/（头·d）］	21	26
日产奶量（kg/头）	30.4	40
成母牛单产（t/年）	8.2	11.6
利润	连续 3 年亏损	净利润 800 万元

4. 关键点控制

牧场管理者要高度重视管理和团队建设，通过定期的量化分析讨论，让牧场管理者达成共识并制订工作计划。在营养方面注重饲料质量及变化，保证日粮稳定性和上料准确率，及时关注牛只体况、粪便和乳指标变化。在围产期尽可能管理好体况高的牛，做好酮病的提前干预和更好的护理投入。要关注奶牛舒适度，做好奶牛卧床管理、挤奶噪声管理、热应激喷淋和风机管理等。

案例二十一　国家奶牛产业技术体系第三方服务与提质增效

1. 技术背景

我国奶牛养殖由数量增长型向质量效益型转变过程中，奶牛场生产水平与经济效益普遍不高。2009 年，农业部畜牧兽医局和国家奶牛产业技术体系联合启动创建了国家奶牛“金钥匙”技术示范现场会巡回活动，为奶牛养殖场专门构建了第三方公益性技术服务机制。“金钥匙”活动至今已连续举办 10 年，累计 113 期。

“金钥匙”活动成功组建了“奶业技术服务创新联盟”，有效促成技术优势和管理优势的最佳互补。专家团队深入牛场生产一线，通过“望、闻、问、切”的现场诊断，零距离、面对面、手把手，口传身授奶牛“金钥匙”技术，钥匙对锁头，发现问题、解决问题。同时，培养了一批职业奶牛场场长和奶业技术精英，创新型实用人才不断涌现。

2. 技术内容

奶牛“金钥匙”活动主要包含以下几个服务模块。

(1) 现场评估诊断

深入现场，全面诊断，为牧场量身制订提升方案打好基础。奶牛“金钥匙”专家团队携带便携式牛场检测仪器设备，包括 TMR 分级筛、近红外饲料快速测定仪、粪便分析筛、B 超仪等十几种先进仪器设备，对典型牛场开展系统检测和诊断，采取定性诊断与定量诊断相结合，开展现场评估，确保诊断精准。

(2) 专题深度讨论

灵活采用现场座谈、互动沙龙、答疑解惑等形式，为生产技术人员切实解决生产难题。现场诊断评估结束后，专家团队与牛场管理技术人员开展现场座谈，针对诊断结果为牧场提供综合评估报告和提升方案。利用技术沙龙环节，互动交流，一一解答养牛人所提出的各类技术细节和疑惑。

表 4-3　奶牛“金钥匙”评估模块（内容节选）

<table>
<tr><td colspan="4">一、现场评估</td></tr>
<tr><td>关键环节</td><td>诊断关键点</td><td>使用工具</td><td>时间</td></tr>
<tr><td>饲喂环节</td><td>TMR 制作、青贮窖、干草库、精料库管理</td><td>宾州筛/中国农业大学全混合日粮便携分级筛（BX-4 型）、近红外饲料快速分析仪</td><td rowspan="5">8：30—13：30</td></tr>
<tr><td>营养环节</td><td>奶牛日粮、粪便分析、体况评分、舒适度</td><td>尿素氮检测仪、粪便分析筛</td></tr>
<tr><td>疾病环节</td><td>行走评分、牧场发病记录、防疫执行方案</td><td>体细胞检测仪、血酮检测仪</td></tr>
<tr><td>繁育环节</td><td>情期受胎率、胎间距数据，以及同期发情方案</td><td>B 超仪</td></tr>
<tr><td>挤奶环节</td><td>乳头评分、真空储气量、脉动频率</td><td>挤奶机检测设备</td></tr>
<tr><td colspan="4">二、牧场答疑</td></tr>
<tr><td colspan="3">1. 主动解答：以检测数据为依据，对评估过程中存在的问题给予解答</td><td rowspan="2">14：20—17：30</td></tr>
<tr><td colspan="3">2. 现场互动：参会牧场主主动提出在生产过程中遇到的技术难题</td></tr>
<tr><td colspan="4">三、技术沙龙</td></tr>
<tr><td colspan="3">1. 专家多：30 余位专家到达现场，研究领域覆盖营养、繁殖、疾病以及牧场建设等方面</td><td rowspan="3">19：00—22：00</td></tr>
<tr><td colspan="3">2. 规模大：100 余位牧场主参与，牧场规模大到万头，小到 100 多头</td></tr>
<tr><td colspan="3">3. 问题专：牧场主提出的问题均是本地区在牧场管理过程中普遍存在且长时间解决不了的疑难杂症</td></tr>
<tr><td colspan="3">4. 效果好：专家在详细询问后，给出专业解答，使牧场的生产运营得以改善</td><td>19：00—22：00</td></tr>
<tr><td colspan="4">四、专题报告</td></tr>
<tr><td colspan="3">1. 调研需求：提前调研当地养殖普遍存在的问题以及牧场主迫切需要解决的问题</td><td rowspan="2">8：00—17：00
总体用时 22.5h</td></tr>
<tr><td colspan="3">2. 专题报告：专家根据调研需求并结合评估问题，通过专业论证和大量资料的收集后进行专题讲座</td></tr>
</table>

（3）高效对症教学

针对牧场亟待了解和解决的产业问题，集中开展技术培训。专题报告结束后，还安排答疑环节，做到点面结合，有深度，有广度，满足大家不同需求，确保培训效果。奶牛“金钥匙”评估模块见表4-3。

3. 应用效果

奶牛“金钥匙”专项技术服务，大幅提高了服务对象的生产技术水平，促进了牧场节本增效（表4-4），提高了企业生存力和竞争力。如服务现代牧业改善饲料转化效率，2个牧场年实现节本增效1 100万元。奶牛“金钥匙”专家连续3年对天润天澳牧业集团的生产经营进行评估和指导，诊断问题、制订措施，目前天澳已经诞生了年单产10t的牛场，为新疆地区最高，集团养殖板块从过去的微利状态，到目前实现盈利1 000多万元。

表4-4　饲料转化效率实现节本增效

蚌埠牧场	泌乳牛（万头）	剩料率降低［kg/（头·d）］	每头牛节本（元）	每年节本（万元）
	1.8	0.8	584	1 051
宝鸡牧场	干奶牛（万头）	采食量管控［kg/（头·d）］	每头牛节本（元）	每年节本（万元）
	0.09	1	730	66

4. 关键点控制

引入第三方进行牛场提质增效服务时，牛场需要从理念上认可第三方服务。对于服务平台提出的整改措施和建议，牧场应按照岗位责任制落实、跟踪，并定期与服务平台进行沟通反馈。

案例二十二　河南全宝德农牧有限公司奶公犊育肥产业化

1. 技术背景

近年来，在奶牛养殖规模化、标准化、机械化、组织化水平大幅提升的同时，对牧场经营管理的精准化要求也日益提高。每个产犊季都会出生近一半的公犊牛，公犊的出生一定程度上增加了牧场的管理和饲养成本。2011年之前，由于奶公犊饲养育肥标准化技术和产业模式欠缺，大部分奶牛养殖场将新生奶公犊对外销售，资源利用效率和牧场综合收益不高。近年来，各地进行积极探索，应用现代肉牛养殖技术，挖掘奶公犊肉用潜力，实现奶牛场收益和奶公犊产肉的“双增”目标。

河南全宝德农牧有限公司，地处河南省驻马店市，目前荷斯坦牛存栏约1 000头。2014年以来，该公司基于自身配套的奶牛和肉牛专业背景，挖掘奶公犊牛源供给，完善奶公犊培育技术体系，搭建集买入、运输、技术服务、饲养管理、市场销售等环节于一体的全产业链生产和服务平台，逐步形成适用于符合产业发展方向的“奶公犊培育产业化发展”新模式。

2. 技术内容

(1) 搭建供需平台

搭建奶公犊供需平台，建立了新型产业链模式，即：奶牛场→园区（基地）→肉牛场→屠宰场。相比于国内早期的肉牛传统发展模式，即：养母牛农户→贩子→交易市场→贩子→肉牛养殖户→贩子→屠宰企业，新模式更加有利于企业发挥信息交流、技术服务、销售服务等资源优势，弥补养牛户的经营和技术短板，降低成本，提高产业链效率，增加养殖户的效益。

（2）创建奶公犊（牛）育肥新模式

①建立养殖销售基地：为了让养殖户实现就近采购，降低运输成本，减少长途运输带来的牛只应激，公司在规模化奶牛养殖集中区周边方圆50km、车程2h以内，建立了大型奶公犊货源养殖基地。公司从奶牛场购买奶公犊，先集中在养殖基地，再将奶公犊出售给养殖户，由其进行分段饲养。饲养期间公司安排专业技术人员为养殖户提供技术服务，并为其提供低于市场价的饲草料、添加剂、机械等。阶段性养殖结束后，基地帮助养殖户把牛只出售给从事下一阶段饲养的养殖户，达到出栏标准后，养殖基地负责将育肥牛运往公司肉牛销售基地，进行统一销售。

为保证育肥牛销售渠道通畅，公司在养殖基地周边肉牛市场潜力较大的城市周边，建立了肉牛销售基地，负责统一销售，销售价格普遍高于养殖户单独销售价格，售卖育肥牛所得收入全部归养殖户所有。

②分阶段饲养模式：为解决养殖户全阶段养殖周期过长、资金投入大、产出慢的问题，公司建立了分阶段饲养模式。主要分为奶公犊阶段（出生至断奶）、小架子牛阶段（体重150～200kg）、大架子牛阶段（体重200～400kg）、育肥牛阶段（体重400～650kg）等4个阶段。将不同阶段的牛只分配给不同的养殖户接力养殖，每个养殖户只饲养一个阶段，养殖户完成该阶段饲养目标后，由公司将牛销售给从事下一阶段饲养的养殖户。

③创建奶公牛养殖园区：该公司整合资源，创建奶公牛园区（类似奶牛小区），将没有养殖条件且不具备自主投资建场的养殖户聚集在园区内，聘为职业养牛人从事养殖工作。园区提供相应配套服务，包括养殖场地、硬件设施、技能培训、牛源和草料等生产资料采购等，并聘用专业技术人员和职业经理人负责处理公共关系、销售肉牛等工作。

（3）成立产业服务联盟

为更好地服务养殖户，该公司和多家产业链服务企业组建了产业服务联盟。目前与河南省鼎元种牛育种有限公司、内蒙古赛科星繁育生物技术（集团）股份有限公司建立了战略合作，订制乳肉兼用肉牛品种冷冻精液；与南阳农业职业学院、河南牧业经济学院、河南农业大学、中国农业科学院等高校科研院所开展技术合作；与国内奶牛养殖场合作，收购牛源，如现代牧业（集团）有限公司、内蒙古蒙牛圣牧高科奶业有限公司、君乐宝乳业集团、光明乳业股份有限公司等；与重庆恒都农业集团有限公司、河南伊赛牛肉股份有限公司、内蒙古科尔沁牛业股份有限公司等屠宰企业合作，定向销售育肥牛。

(4) 建立奶公牛产业专业合作村（乡、县）

将现有的奶公犊（牛）培育产业模式引入，发展地方特色经济，推动建立奶公犊（牛）产业专业合作村（乡、县），由该公司挂牌，按园区养殖模式，派驻技术人员，提供流动式配套服务。同时，积极推动该项目与所在地的乡村振兴和精准扶贫项目紧密结合，带动农民增产增收，实现脱贫。

3. 应用效果

(1) 显著提高了奶公牛利用率和生产效率

奶公犊（牛）培育模式属盈利能力和抗风险能力均较强的生产模式。一方面奶牛场通过出售奶公犊，带来了稳定且可观的收益。另一方面对于肉牛产业而言，通过建立统一的供销机制和养殖模式，去除了传统肉牛产业链中的低效率环节，提高了投入产出比。

(2) 提高了养殖户的经济效益

相比于养殖户独立养殖模式，该产业模式更能保证养殖户的经济收益。具体测算如下。

①犊牛阶段（饲养4个月）：犊牛的市场价平均为3 500元/头，该阶段饲养成本约1 500元/头，断奶后平均售价6 000～6 200元/头，在95%成活率下，头均养殖收益950～1 140元。

②小架子牛阶段（饲养4个月）：购入市场价约6 200元/头，该阶段饲养成本约1 200元/头，断奶后平均售价8 000元/头，在95%成活率下，头均养殖收益约570元。

③大架子牛阶段（饲养4个月）：购入市场价约8 000元/头，该阶段饲养成本约2 000元/头，平均售价10 500元/头，在95%成活率下，头均养殖收益约475元。

④育成牛阶段（饲养5个月）：购入市场价约10 500元/头，该阶段饲养成本约3 000元/头，平均售价19 500元/头（按成牛体重650kg，售

价 30 元/kg 计），在 95% 成活率的前提下，该阶段头均养殖收益约 5 700元。

该模式的头均养殖收益合计为 7 695～7 885 元。

4. 关键点控制

奶公牛培育要严格把控四个重要环节，即出生保健、饲喂初乳、合理运输和科学断奶。

（1）出生保健

犊牛出生后，应注意立即给脐带消毒，清理口鼻的黏液。擦拭小牛身上的黏液，做好出生保健工作。

（2）饲喂初乳

犊牛出生 1h 之内，要保证饲喂 4L 的优质初乳，饲喂时间越早越好。

（3）合理运输

运输环节首先要保证车辆的温度适当，即冬天保暖、夏天通风，车辆通常侧边开风口、下面垫沙，同时还要保证合理的运输密度。犊牛上车时要逐个消毒，特别是牛蹄消毒，能够避免交叉感染。

（4）科学断奶

符合以下标准的犊牛可以进行断奶：一是 60 日龄的健壮犊牛；二是体重在 75kg 以上的犊牛；三是可以连续 3d 采食 1.5kg 犊牛料的犊牛。

五、PART FIVE

农牧结合与绿色养殖

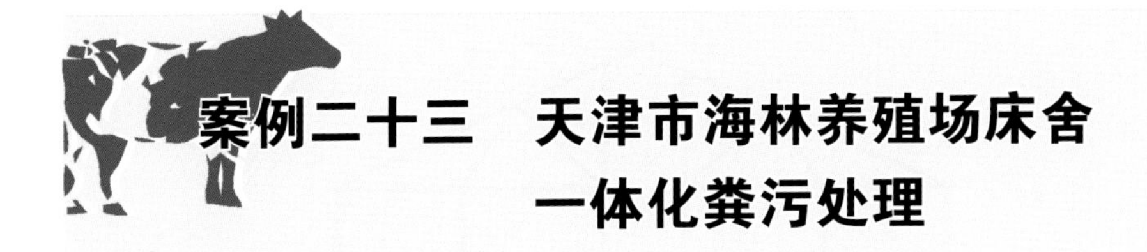

案例二十三　天津市海林养殖场床舍一体化粪污处理

1. 技术背景

天津市武清区海林养殖场奶牛存栏810头，成母牛460头。针对传统的成套粪污处理设施资金投入大、运行维护费用高、企业成本剧增等实际问题，牧场结合实际，成功建立了“床舍一体化”养殖新模式，对中小牧场具有很好的借鉴作用。

2. 技术内容

（1）牛舍改造

牛舍改造分为大跨度活动屋顶牛舍和自由通铺牛床两个部分。

①大跨度活动屋顶牛舍：改造后的大跨度奶牛舍，在保留了原来奶牛的采食设施基础上，将牛舍南北两侧原来的运动场，改建为牛舍并加装活动式屋顶，扩大了奶牛在舍内的活动空间。新装活动式屋顶，可做到夏季下拉，用于遮阳挡雨；冬季上升，沐浴阳光取暖（图5-1）。每头奶牛在舍内活动的空间扩大30 m^2左右，大幅降低了饲养密度，充分满足奶牛采食、休息、反刍、自由活动等需求。

②自由通铺牛床：作为奶牛的自由通铺牛床，原来的运动场需要进一步改造。自由通铺牛床先以“三合土”打好地基，铺设一层生石灰消毒，再铺设干牛粪或其他垫料至厚度30 cm以上，建成初始牛床。

奶牛排出的粪尿，经过旋耕机充分旋耕，使其掺入初始牛床垫料中进行自然发酵。牛床表面定时翻抛和增铺垫料，并通过风扇吹拂、日照蒸发等措施，保证牛床干燥、卫生和松软舒适。

（2）牛群管理及粪污处理

①牛群与牛床管理：改造后的奶牛舍，原有的自由护栏牛床，采食通

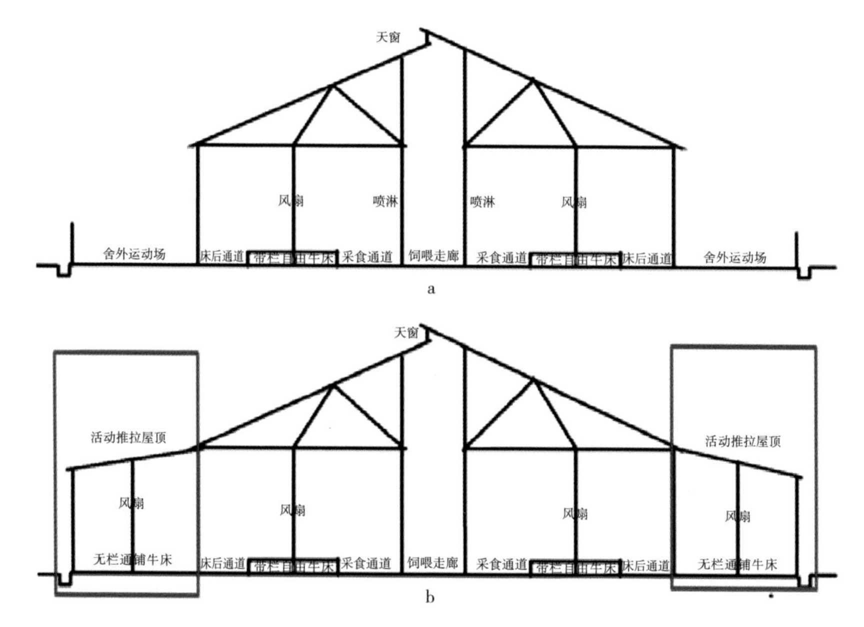

图 5-1 牛舍改造示意图

a. 天津海林养殖场原有牛舍立面设计 b. 天津海林养殖场现有牛舍立面设计

道，饲喂走廊，饮水、通风、喷淋、清粪等设施均保持不变。

在炎热季节，维护好自由通铺牛床和自由围栏牛床，让奶牛在二者之间自由选择躺卧，集中饲喂，分散躺卧，减少密度，增加舒适度。

在湿冷季节，维护好自由围栏牛床，通过引导奶牛到自由围栏牛床躺卧休息，减少自由通铺牛床的数量；同时，尽量保持通铺牛床的干燥，起到防寒保暖的作用。

②粪肥清理与处理：自由通铺牛床每年应清理1次，清理时间选择在春季的3—4月份；清出的粪便可以采取堆粪发酵方式熟化，之后作为有机肥还田使用，也可在气温变暖时节迅速摊晒干燥，妥善保存起来作为新的牛床垫料。自由围栏牛床旁边的清粪通道，应每天清理，可用吸粪车吸走进行堆肥处理。

夏季喷淋期间的稀粪以及挤奶厅排放的废水，可通过管道经水冲收集到积粪池，经过两级沉淀分离，上清液经过滤、曝气处理后运至500 m以外的暂存池（流转的地里）存放，在农作物灌溉时节还田使用；积粪池中沉淀部分每月进行2次固液分离，分离后固体部分晒干作牛床垫料，液体再回到积粪池进行沉淀处理。

通过全面实施“床舍一体化”饲养管理新模式，牧场全部实现了雨污分流，奶牛健康状况和福利得到明显提升。床舍一体化粪污处理模式见图 5-2。

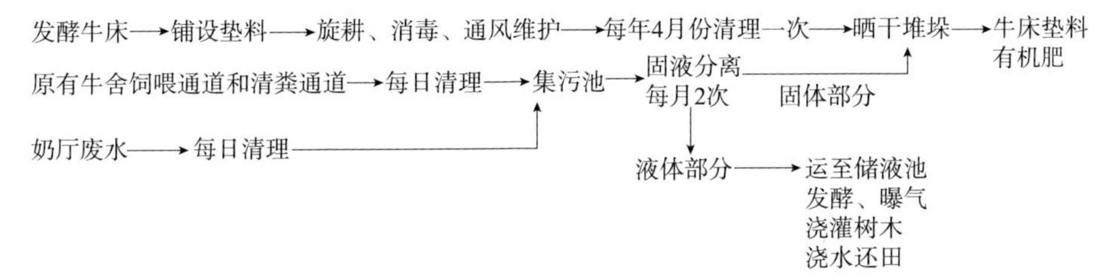

图 5-2　床舍一体化粪污处理模式

3. 应用效果

实施科学饲养和优化日粮配方的同时，坚持运行“床舍一体化”粪污处理模式，实现经济效益和社会生态效益“双赢”。

2018 年成母牛年均单产达到 10. 5t 以上，每头年均增产 500 kg，牛奶品质不断提升，牛奶增收达 100 万元以上。同时，粪肥从源头实施减量化生产，全程做到无害化处理，实现了粪污资源化综合利用，大大节约了粪污处理基本建设资金投入，化解了粪污处理设备昂贵、运行维护费高的巨大压力，很好地解决了奶牛场环境污染和生态保护问题，2018 年粪污处理节本增效 50 万元以上。

4. 关键点控制

该模式的使用需要注意几下几点：①牛床上均被牛舍屋顶覆盖，目的是实现热应激有效防控和雨污分流等方面的需要。②固定屋顶和活动屋顶相互配合，自由牛床和大通铺牛床相互弥补；炎热或下雨天气，活动屋顶自动下拉关闭，减缓热应激或实现雨污分流；冬季适当降低大通铺牛床上奶牛的密度，提高自由牛床的利用率，以便保持自由通铺的干燥和干净。③铺牛床的地基一定要打好，防止污水渗漏。第一次垫草要铺到位，铺设厚度不能太薄，一般厚度为 15～30 cm，每天进行 2 次旋耕、1 次消毒和整理，保持牛床卫生和舒适度。

案例二十四　天津梦得集团种养结合与绿色发展

1. 技术背景

天津梦得集团有限公司通过种养结合，将粪污处理后实施资源化利用，发展循环农业，开辟了节本增效的新途径（图 5-3）。牧场奶牛存栏6 000头，粪污处理设施累计投资约 2 200 余万元，在初期设计及后期运行中，统筹兼顾养殖、种植的同时，充分考虑种养结合的有效操作模式，维护牧场与周围环境的生态平衡，实现种养结合、绿色发展。

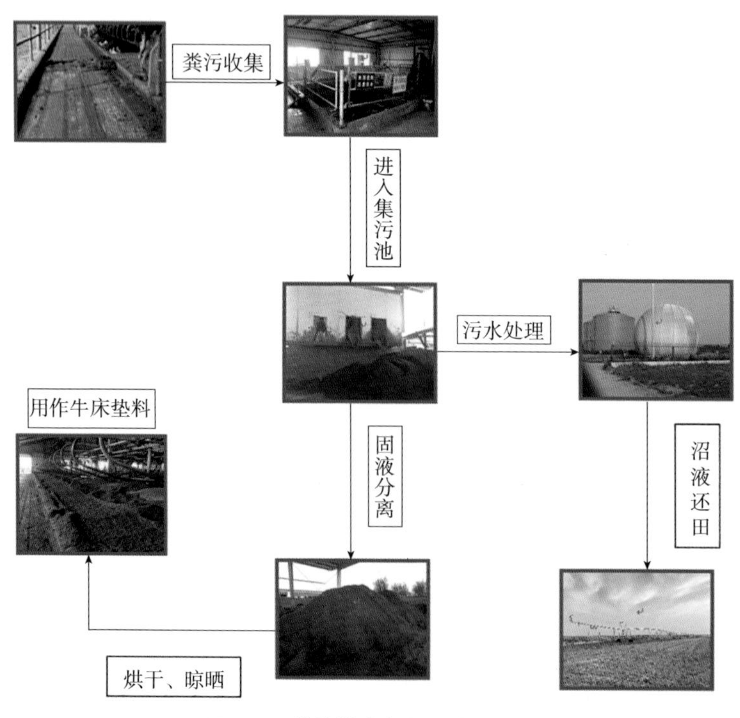

图 5-3　种养结合与绿色发展模式

2. 技术内容

整个牧场粪污处理与种养结合基本工艺流程：清理（刮板清粪）→粪污输送→收集（集污池）→干湿分离设施(筛分器、绞龙及螺旋挤压机)→液体上清液暂存→固体粪污用作垫料及还田，液体粪污还田。

（1）粪污收集

牛舍采用自动刮板进行粪污清理，再通过粪沟由刮斗运送到集污池；挤奶区清洗使用的水被收集于集污渠，这些初期的粪水会被再次收集利用，重复冲洗牛舍集污渠。干清和水冲收集到的粪污被集中收集到集污池，通过固液分离进行处理。

（2）粪污利用

在集污池中处理后的粪污通过设备进行固液分离，分离出的液体输送到沼液暂存池中。固液分离处理后的固体粪污，其含固率为45%～55%，通过垫料系统加热处理48 h，干物质作为垫料循环使用于卧床。固液分离处理后的液体粪污，其含固率3%左右，统一收集入氧化塘，在塘内经过曝气加氧等处理后全部还田。

3. 应用效果

（1）饲草种植

2018年，公司流转土地约666.67hm^{2}用于饲草种植，其中示范种植苜蓿约286.67hm^2、玉米约333.33hm^2、燕麦约46.67hm^2，共计收获苜蓿干草362t、苜蓿青贮2 035t、玉米青贮6 200t、燕麦干草74t，节约饲料成本480余万元。通过自建饲草种植基地，既保证了饲草品质，又节约了饲草购买费用，还可以消纳牧场粪污，缓解牧场环保压力。

（2）有机肥和垫料生产

牧场粪污通过固液分离，固体经过处理后用于牛床垫料和生产有机肥；液体经过厌氧发酵后，沼液还田，培肥了地力又降低了化肥使用量，还降低了粪便处理成本，并为奶牛提供了优质粗饲料，实现了节本增效。2018年，通过牛粪回垫牛床代替原有垫料（锯末）节省资金300万元；沼液还田替代化肥，666.67hm^{2}土地节省化肥资金120余万元。

通过牧草种植、垫料和有机肥生产共节约成本900万元。

4. 关键点控制

关于沼渣、沼液在农田的利用方面，还没有明确的使用标准，因此在沼液还田利用时，还要逐步摸索，尤其是根据种植作物的种类不同，施用的沼液量也不同。如何实现精准施肥，还要经过长期的试验，从土壤检测、肥料含量检测、作物需求等方面着手，不仅做到种养结合，还要通过精准施肥实现达到增收的目的。

六、PART SIX

养殖加工融合发展

（一）休闲观光与创新增收

休闲观光牧场是现代奶业的示范窗口，是奶业发展新业态、新动能，对宣传奶业发展成效，普及推广奶业知识，促进乳制品消费，增加牧场营业收入，加快一二三产业融合发展起到了重要的推动作用。截至2019年，农业农村部已推介了17个省（自治区、直辖市）的31家休闲观光牧场。发展休闲观光奶业，树立奶业良好形象，农旅结合增加收入，各地积累了许多成功经验，形成了一批可借鉴的典型。

案例二十五　郑州昌明家庭牧场亲子乐园

1. 技术背景

郑州昌明农牧科技有限公司位于河南省荥阳市，距郑州市区40km、荥阳市区14km。牧场占地$10hm^2$，奶牛存栏300头，日产奶量3t，其中35%自行加工销售。自2016年起，牧场开阔思路，自主创新发展，先后投资2 500万元，改造生产基础设施，建设旅游观光区，打造奶牛科普乐园，开展休闲观光活动，开辟营收新渠道。

2. 技术内容

（1）专业策划与整体设计

牧场与专业公司开展合作，进行整体规划和设计，分步实施，逐步丰富观光娱乐项目，让参观游客特别是青少年儿童乐此不疲、流连忘返。

一是对场区地块进行优化升级，将生产区和观光区通过绿化带严格分离，观光区在原有建筑设施的基础上精心建成 DIY 体验馆、餐饮区、草坪游乐区、迷你风车景观区、乳品体验区、萌宠互动区等。

二是对牧场现有设施进行改造，提供观光通道。将青贮窖墙体加宽建设花廊，花廊两侧挂满科普图，宣传奶业知识。将挤奶厅的一面墙改装成透明的玻璃墙，使游客能直观地看到奶牛挤奶全过程。

三是在奶牛休息区附近，新建 $100m^2$ 的游客空中观光台，游客站在高处可近距离观察奶牛生活，既符合防疫要求，又满足游人好奇心，台上设古琴，上演“对牛弹琴”画面，增添乐趣。

四是运用大量奶牛和牧场元素进行创意，开设特色娱乐和体验项目，如模拟挤奶、喂犊牛、坐牛车、奶牛涂鸦、炒酸奶等，打造特色观光项目。增设室外 LED 屏，播放奶业科普动漫等节目，营造园区奶业文化氛围。

图 6-1　昌明奶牛科普乐园亲子活动剪影

（2）利用新媒体提高知名度

牧场通过与当地拥有 40 万“粉丝”的微信公众平台合作，借助平台的“粉丝”优势，采用限量预约方式，迎来了大量的客流。

乐在其中、余兴未消的游客，常常热衷转告他人，或借助大众点评网和抖音视频等纷纷转发，分享自己在牧场的游览经历和乐趣，无形中为牧场进行了口碑营销，牧场很快成为当地网红旅游景点。

图 6-2 “小红书”上的昌明牧场

(3) 打造“研学游”科普教育基地

2016 年，教育部等 11 个部门联合出台《关于推进中小学生研学旅行的意见》，明确规定各中小学要结合当地实际，把研学旅行纳入学校教育教学计划。

几年来，在河南省市各级政府帮扶下，牧场通过坚持开展休闲观光活动，由原先“名不见经传”的家庭牧场，一跃成为远近闻名的奶牛科普乐园，先后被评为河南省科普教育基地、郑州市科普教育基地、郑州市农业科普研学基地等。如今，参加研学游的中小学生已成为牧场的主要客源。每逢节假日，老师带队前来观光游园的中小学生源源不断，为开展学生课外科普教育发挥了重要作用。

(4)联合专业机构，增加游玩趣味

牧场属于家庭牧场，仅靠牧场自有员工接待游客数量有限。观光项目经营 2 年后，昌明牧场对各个环节都有了较为清楚的了解。

随着游客量的不断加大，牧场将核心项目（如乳制品体验与销售等）及投入少、盈利大的项目（如矿泉水饮料销售等）保留，其余休闲娱乐项目外包给第三方专业机构。第三方配置的多名专业教练，具有丰富户外拓展娱乐活动的组织经验，一个教练一次可组织 30～50 个孩子同时游玩，如仅丢手绢的游戏就能玩 1 h。

增强娱乐项目趣味性，游客停留牧场时间大大增加。通过外包，虽然牧场从单个游客身上获得收益从 60 元降到 40 元，但游客总量实现了成倍增长。

3. 应用效果

自 2016 年开展观光业务以来，牧场已累计接待游客 25 万人次。2018 年营业收入 777 万元。其中，观光收入 320 万元，乳制品销售收入 315 万元，生鲜乳销售收入 142 万元。牧场的主营收入，由过去的以生鲜乳销售为主，逐步转换成以休闲观光收入为主，实现企业创新增收和良性发展。

案例二十六　四川德阳原野牧场半放牧观光

1. 技术背景

德阳原野牧场成立于2011年4月，位于四川省德阳市旌阳区，距成都市区60km、德阳市区仅12km，交通便利，环境优美。牧场占地约20hm^2，牧场奶牛存栏125头，日产奶量1t。自2012年起，牧场实施国家有机标准化饲养，除草、饲喂等各个环节均按照有机生产的要求进行。2015年1月，牧场生产的“牧斯源”牌巴氏杀菌乳和酸奶获得“中国有机产品”认证，并获得2015年度四川省农业博览会“消费者喜爱产品”称号。2016年起，打造集体验休闲、亲子互动为一体的乡村牧场，形成小而精的奶业科普教育基地。2017年，该牧场被推介为农业农村部首批奶业休闲观光牧场。

2. 技术内容

(1) 放牧式体验，带动自发式宣传

原野牧场最大的特色之一是采用半放牧式的饲养方式，奶牛直接采食牧草，降低了为实现有机生产而采用的人工割草成本，同时在放牧的过程中，奶牛得到适当运动，有效提高了抗病能力，有助于生产出优质牛奶，还能吸引游客前来观赏，一举三得。牧场内有将近10hm^{2}的草地，奶牛每天定时放牧，生活在城市的游客，不出国门就可以体验到新西兰式的牧场景致，增加了游玩的新鲜感和趣味性。牧场用白色栅栏将放牧的草地围起来，在实现牛群与人群有效隔离的同时保证了美观。同时，在牧场小道的两边架起了花藤，不远处种植了一片向日葵，随处都是适合拍照的景致。牧场正是这样基于放牧特色，配以一系列相应的装饰，打造优美时尚景观，吸引年轻人前来拍照留念。目前，在小红书、大众点评等自媒体

上，牧场频频上榜，成为当地网红“打卡”圣地。

图 6-3 德阳原野牧场奶牛放牧场景

（2）“农耕式”活动，打造户外课堂

牧场距离成都、绵阳和德阳市区均不超过 1h 的车程，优越的地理位置及独具特色的奶牛放牧观光，吸引周边众多幼儿园及中小学校前来开展研学游。牧场划拨了一片土地让孩子们种植土豆、西蓝花等，让他们体验劳动的快乐，享受收获的喜悦。老师还会在牧场开展昆虫研学活动，教学生认识大自然中的生物，让牧场真正成为孩子们的户外生物课堂。此外，牧场毗邻三国文化地白马关风景区等旅游资源，由于牧场的游玩活动不需要跋山涉水，更适合低龄儿童，不仅能亲近大自然，还能与奶牛亲密接触。牧场通过与周边景区互补合作，吸引了众多亲子游家庭。

（3）开发牛奶产品，满足游客味蕾需求

除巴氏杀菌乳和酸奶外，牧场不断研发其他奶产品，如牛奶冰激凌、牛奶小方、牛奶火锅等。2020 年上半年新冠肺炎疫情期间，牧场观光处于停业状态，牧场员工利用滞销的生鲜乳生产奶酪贮存。进入夏季，疫情基本稳定，牧场自制的冰激凌销售进入旺季，疫情期间生产的奶酪作为冰激凌的主要原料既节约了制作成本，还让冰激凌有了独特的风味。销量最多的时候，销售量将近 800 根/d（10 元/根）。而前来牧场游玩的游客，亲眼看见了奶牛干净整洁的生产生活场景，增强了消费信心。牧场进一步延伸服务，开展送奶到户业务，众多游客成为牧场忠实的消费者。

3. 应用效果

牧场游客以家庭游/亲子游及研学游为主，家庭游/亲子游主要集中在周末和节假日，高峰时游客接待量可达到 2 000 人次/天。研学游主要集中在每年春季的 3—5 月和秋季的 9—11 月，2018—2020 年累计接待幼儿园、小学研学游学生 7 万人次。在观光的带动下，送奶到户业务日配送量稳定在 2 000 瓶左右。牧场通过发展观光，在生鲜乳销售的基础上增加了观光和乳制品销售收入，达到了收入多元化，实现了扭亏为盈。

4. 关键点控制

（1）找准牧场定位

农业是长期投资的行业，回报较慢，经营者需要找准定位并持之以恒，不要盲目跟风。德阳原野牧场的顾客主要来源于以儿童为中心的家庭游/亲子游及研学游，牧场景观打造及产品开发主要考虑儿童求知的需求。而其他以情侣游及老年游为主的景点，则以满足情侣追求浪漫及老年人追求康养的需求为主。

（2）注重自媒体宣传

随着智能手机的普及，人们利用手机获取信息更加快捷和方便，牧场应将宣传渠道更多地转移到微信、小红书、抖音、大众点评等自媒体上。

（3）重视景观环境打造

牧场应通过种好草、养好花，保持环境的干净整洁，为设置游客拍照场景，满足其爱美需求。

案例二十七　山东合力牧场中等规模牧场农旅结合

1. 技术背景

山东合力牧业有限公司成立于 2012 年 4 月，占地 $140hm^2$。合力乡村牧场依托部山镇优美的自然环境，以奶牛养殖、反刍动物饲料生产、低温牛奶加工配送为主业，融入林果种植、蔬菜生产、餐饮服务、加工制作体验、观光研学等相关业态。牧场现存栏荷斯坦牛 1 000 头，配套大型沼气工程、智慧型水和沼液一体化灌溉系统，建成果园 $20hm^2$、蔬菜种植温室 $2.6hm^2$，实现种养结合农牧循环一体化。公司先后荣获省级现代生态循环农业示范点、省级畜牧旅游示范区、省级休闲农业精品园区、省级放心奶源示范基地、国家级畜禽养殖标准化示范场、农业农村部推荐的休闲观光牧场等荣誉称号。

2. 技术内容

合力牧业围绕奶产业发展，配套建设了奶牛文化科普馆、动物亲子牧场、儿童游乐园、自由采摘温室大棚等休闲区，生产“合力牧场”牌巴氏鲜牛奶、酸牛奶、果园山鸡蛋、绿色有机果蔬等 20 多个品种。

（1）拓展果蔬采摘观光旅游

通过区域划分、丰富品种、优化采摘期，一年四季分时段、不断季，为游客提供草莓、西红柿、桃子等种植观光、果蔬采摘和学习种植知识等采摘休闲体验服务。目前，已建有 $20hm^2$ 桃树园、$5.3hm^2$ 杂果园、$17.3hm^2$ 综合休闲观光采摘园。

（2）拓展互动休闲体验畜牧业

建设奶业文化科普馆 100 多 m^2，主要展示牧草、酸奶、巴氏奶、奶牛、资源等 5 个知识版块，通过挤奶大厅观看舷窗、主题场景模拟、声光电互动等，向游客传播与奶牛相关的知识以及“合力牧场”原奶的生产过程。游客可透过玻璃舷窗，观看牛奶加工灌装全过程。占地 1.33hm^2 的儿童游乐园，配建有日接待能力 400 人的生态观光餐厅，餐饮食材均由牧场自行供给。合力牧业常年组织会员活动和接待游客，参加合力乡间牧场的果蔬采摘和休闲观光旅游，主要活动项目有：一是五龙湖 2A 级自然景区观光；二是占地 6.67hm^2 的亲子牧场，配置奶牛、白牦牛、黑牛、山羊及各种禽类，开展奶牛挤奶体验、动物饲喂、捡拾鸡蛋等体验项目；三是在休闲观光区域内增设森林儿童乐园、户外读书屋及露营地等项目；四是全年 2.6 万 m^2 温室有机果蔬采摘项目；五是加工制作体验 DIY 互动展示区，将园区内以牛奶为主的各类自有产品包括烘焙类、酸奶、冰激凌等进行现场加工制作体验和现场教学等。

图 6-4　合力乡村牧场加工制作体验 DIY 活动剪影

3. 应用效果

通过合力乡间牧场旅游项目的建设，园区内逐步形成了种养加游结合、游购娱一体、三产融合发展的新格局。年接待游客 12 万人，年新增效益 360 万元，将合力乡间牧场打造成为山东省内以畜牧旅游为主题特色的乡村旅游示范企业。

4. 关键点控制

乡村旅游大多缺乏营销渠道，存在营销渠道单一的问题。因此，乡村旅游要改进营销模式，实现“线上线下”融合营销、精准营销，在做好线下营销的同时，加大线上营销的力度。做好企业网站休闲观光版块的建设及微信、微博、微商、团购等多种互联网营销模式。

（二）奶农办乳制品加工

奶农办乳制品加工有利于增加奶农收入，提高养殖积极性，巩固奶牛养殖基础。按照《国务院办公厅关于推进奶业振兴保障乳品质量安全的意见》（国办发〔2018〕43号）的要求，农业农村部等9部委印发《关于进一步促进奶业振兴的若干意见》，提出加快确立奶农规模化养殖的基础性地位，支持奶农发展乳制品加工，提高抵御市场风险能力，促进养殖加工一体化发展。在严格执行生产许可、食品安全标准等法律法规标准，确保乳品质量安全的前提下，推行产加销一体化，重点生产巴氏杀菌乳、发酵乳、奶酪等乳制品，通过直营、电商等服务当地周边群众，培育鲜奶消费市场，满足高品质、差异化、个性化需求，各地积累了一些宝贵经验。

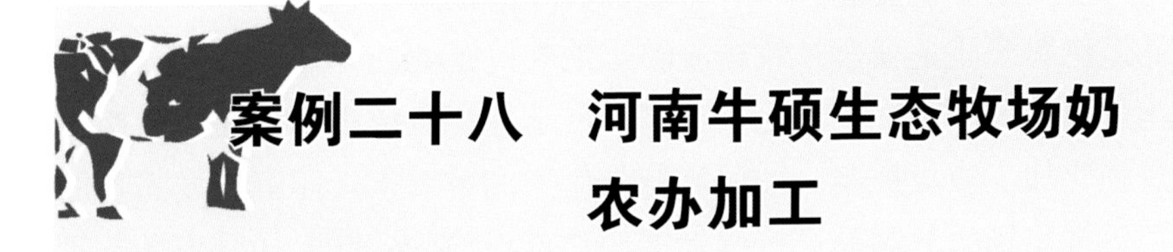

案例二十八　河南牛硕生态牧场奶农办加工

1. 技术背景

河南牛硕牧业有限公司位于河南省驻马店市上蔡县，牧场占地14.4hm^2，现存栏奶牛2 000头，主要品种为娟姗牛，日产生鲜乳20t。公司2016年开始创办奶吧，取得食品餐饮许可证和食品经营许可证，通过现制现售方式加工自产的生鲜乳。

2. 技术内容

（1）扩大加工能力

随着供应量不断增大，牧场新扩建加工厂，2017年12月取得当地市

图 6-5　河南牛硕牧业生产的低温奶系列产品

场监管部门核发的乳制品食品生产经营许可证，主要生产巴氏杀菌奶和低温酸奶，通过奶吧、送奶到户、学校餐桌、单位食堂、小区商超等渠道进行销售。

（2）完善质量安全控制

一是强化奶源质量安全。牧场流转当地农民土地约 333.33hm^2，用于种植紫花苜蓿及玉米青贮，满足奶牛饲喂需求并积极推进奶牛疫病防控。

二是强化加工质量控制。按照乳制品生产许可要求，斥资建设完备的化验室，每批出场的乳制品都按照标准经过严格检验，同时接受市场监管部门的不定期抽检。

三是建立冷链运输体系。企业自配 20 余辆冷藏车，配备 300 余台冷藏柜，保证产品从产出到送至消费者手中全程冷链运输，确保乳品的质量安全。

3. 应用效果

目前，该公司产品已全面覆盖上蔡县市场，并逐步向周边县市拓展，市场辐射面逐步增大，日加工销售生鲜乳 10 多 t，每吨生鲜乳加工后增值利润达 5 000～7 000 元，取得了良好的经济效益。

案例二十九　辽宁鞍山恒利奶牛场奶农办加工

1. 技术背景

鞍山市恒利奶牛场位于海城市南台镇山城子村，占地 140hm^2，牧场全部饲养乳肉兼用牛，现存栏乳肉兼用牛 770 头，平均乳脂率 4.05%、乳蛋白率 3.28%。牧场从 2017 年开始发展鲜奶吧连锁店，打造爱尔牛奶品牌。经过几年的发展，目前有直营店、合作店和店中店共 35 家，通过现制现售方式加工自产的生鲜乳，日加工销售原奶 2t。

2. 技术内容

（1）产品种类

主打的奶制品巴氏鲜牛奶、酸奶是在牧场进行加工，占总销售额的 70%。小食类产品如双皮奶、椰奶方糕、布丁、烘焙品等，约占总销售额的 25%，加工厨房建立在爱尔独立门店中，使用面积约 200m^2。

新近开发的现制现售类产品占总销售额的 5%，如将传统奶茶类产品进行改良，用巴氏鲜牛奶代替奶粉，制作网红产品。

图 6-6　爱尔牛奶门店和产品种类

（2）分离稀奶油

为满足部分客户需求，同时丰富爱尔牛奶柜台产品品种，灵活调减巴氏鲜牛奶的当日店内库存量，降低损耗，爱尔门店的洁净加工厨房专门增设小型稀奶油分机。根据每日需要，利用经过热消毒的奶油分离机，采用全程无菌卫生操作，分离出稀奶油和低脂奶，作为单独产品，进行现制现售。

（3）倡导新鲜和引客入店

为确保牛奶新鲜与营养，树口碑、扬品牌，爱尔牛奶自开业起，就严格遵循“牛奶不过夜”的原则，规定巴氏鲜牛奶仅销售1d，因此，在当地享有极高信誉度。

为灵活安排生产，加快资金回笼，爱尔牛奶的销售订单采用“月订”模式，推行订奶户一日一取。通过客户进店自取方式，既能让客户眼见为实，感受产品的新鲜和优质，又能增加消费者的进店频率，创造会员在店消费其他产品的条件，从而增加营业额。

3. 应用效果

在鞍山地区，目前爱尔牛奶已有14家店铺，覆盖政府机关企事业单位累计达35家，爱尔牛奶的客户总数1万人，每日配送牛奶的固定客户达2 000户。

爱尔牛奶每日加工销售的巴氏鲜牛奶、酸奶、小食类产品、脱脂奶、稀奶油等，折合日销售生乳2t。经测算，与销售生乳给其他乳品企业相比，能产生5倍左右的增值。

4. 关键点控制

奶农办加工需要生产加工适于自营牧场特色和当地需求份额的亮点产品，丰富牛奶柜台产品品种，灵活调减巴氏鲜牛奶的当日店内库存量，降低损耗。

案例三十　辽宁海城市佳鑫鲜奶吧与自产自销

1. 技术背景

海城市佳鑫牧业发展有限公司（图 6-7）位于辽宁省鞍山市海城市，奶牛存栏 300 头。牧场从 2015 年开始发展奶业观光，自建加工厂，配合 60 家奶吧，所产生鲜乳全部实现自产自销。

图 6-7　佳鑫牧业现代农业产业园外景

2. 技术内容

（1）寻找最佳经营模式，实现奶吧规模化扩张

①树立奶吧品牌： 佳鑫牧业从 2011 年开始发展奶吧，奶吧经营的产品由于口感好，品质有保证，注册的商标“绿澳”很快在海城市家喻户晓。

②构建加盟机制： 寻求加盟的商家不断增多。每个加盟店店名和店面装修与直营店保持一致，并收取一定的加盟费和押金。鞍山市和海城市内直营店和加盟店销售的乳制品和烘焙产品由佳鑫牧业统一配送，会员办理的一卡通充值后可在任何一家加盟店消费。其余地区的加盟店距离较近

的，烘焙产品由佳鑫牧业统一配送，乳制品由佳鑫牧业提供生鲜乳自行加工后贴牌销售。距离较远的，要求拥有固定奶源，有一定的经营实力，可使用绿澳牌商标贴牌生产佳鑫牧业统一开发的产品。

③定期开展培训：佳鑫牧业定期聘请专业老师对直营店和加盟店店长进行培训，培训的内容涉及营销技巧、市场运营等，同时在培训之前对各个连锁店进行调研，针对店内出现的问题提出解决办法。对出现质量安全事件、违反合同约定的加盟店，针对其影响程度，扣减押金，甚至取消加盟资格。

（2）丰富休闲观光内容，满足消费多元化需求

①建立观光通道：为了满足游客对牛奶及乳制品生产过程的好奇心，佳鑫牧业在牧场一侧修建了一条高 2 m、长 200 m 的观光走廊。游客站在走廊上可以远眺奶牛的生活场景。挤奶间及乳制品加工车间也专门修建了观光通道，游客可通过透明的玻璃清晰地看见挤奶和乳制品加工的全过程。整洁的车间增强了消费者对牧场所产乳制品的信心。

②设立体验观赏区：一是利用 DIY 区让小朋友体验手作的乐趣。佳鑫牧业修建了 200 m^2 的 DIY 间，可容纳 100 个小朋友同时开展牛奶蛋糕、牛奶肥皂等的现场制作。

二是建设珍禽观赏区，提高游客对珍奇动物的认知。专门设置了珍禽观赏区，饲养有孔雀、珍珠鸡、红腹锦鸡、野鸡等。

三是建成植物观赏区，满足游客远离城市喧嚣，回归大自然，体验农事的愿望。佳鑫牧业流转了村里的 5.33hm^2 土地种植花卉、牧草、蔬菜等。在夏秋季节，种植的夏菊成片绽放，牧场成为花之海洋，吸引众多年轻人前来拍照留影；在种植季节，游客尤其是小朋友亲自在地里撒下种子，如牧草、向日葵等，并定期来牧场回访，感受收获的喜悦。

四是建立文化体验馆，满足游客的文化体验和购物需求。佳鑫牧业专门修建了文化体验馆，游客可选择购买馆内的各种产品，这些产品既有牧场自产的牛奶肥皂、菊花酱等，也有委托加工的各类含有牛元素的水杯、钥匙链、相框、玩偶、瓷器类工艺品等。

（3）多举措保客源促增收

①注重媒体宣传推介：佳鑫牧业利用微信公众号，不断推出产品促销

及牧场观光活动。奶吧及牧场观光经营实行会员制，为了扩大会员数量，在重要节日及特殊时期，佳鑫牧业利用微信公众号提前推出促销活动。适逢开学季，满足家长对孩子营养健康的关注，及时开展订奶赠送活动；利用五一、中秋等重要节日，推出奶吧店内买赠活动；根据城市居民喜欢利用周末进行近郊游的特点，结合牧场自身优势，推出花海基地观光、奶牛认养、农耕种植、采摘体验等活动，吸引游客前来观光。

②开展合作实现增收：一是与学校及第三方机构合作，吸引儿童及青少年到牧场参加拓展活动。由于牧场独有的休闲观光游园活动，极富特色，其他拓展基地难以复制，第三方机构及幼儿园和中小学校纷纷选择与佳鑫牧业合作，牧场因此获得持续不断的滚动客源。牧场收入来源于按人数支付的租赁费（第三方机构）或活动费（学校）。

二是与旅行社合作，将游览牧场纳入旅行社精品旅游景点项目。牧场距离温泉小镇 10km，距全国著名布衣专业市场——辽宁海城西柳服装批发市场仅 9km，牧场与旅行社签订合同，作为一日游的增项服务，吸引游客前来观光，极大地丰富了客源。牧场可获得按人数支付的游园费、牧场就餐费、体验馆购物收入。

3. 应用效果

通过不断丰富休闲观光项目，加强与拓展机构及旅行社合作，牧场年接待观光游客 5 万人次以上。在观光产业的带动下，公司旗下的 30 余家奶吧年销售奶制品及烘焙食品 1 000 余 t，产品多达 140 余种，覆盖会员人数 5 万人，公司注册的“绿澳”牌商标成为辽宁省著名商标。

图书在版编目（CIP）数据

奶牛养殖节本增效典型案例/国家奶牛产业技术体系，全国畜牧总站组编．—北京：中国农业出版社，2021.6

ISBN 978-7-109-27936-0

Ⅰ．①奶…　Ⅱ．①国…②全…　Ⅲ．①乳牛—饲养管理—案例　Ⅳ．①S823.9

中国版本图书馆 CIP 数据核字（2021）第 027809 号

中国农业出版社出版

地址：北京市朝阳区麦子店街 18 号楼

邮编：100125

责任编辑：周锦玉

版式设计：王　晨　　责任校对：刘丽香

印刷：中农印务有限公司

版次：2021 年 6 月第 1 版

印次：2021 年 6 月北京第 1 次印刷

发行：新华书店北京发行所

开本：720mm×960mm　1/16

印张：8

字数：115 千字

定价：66.00 元
